The Power of Evolution

進化的
力量

用新維度看清世界變化，
唯有最適合的才能持續生存

《底層邏輯》作者 ──── 劉潤 著

推薦序
持續進化的商業雲端硬碟

文／謝文憲 企業講師、作家、主持人

我說的就是劉潤，每回看他的新書，都能幫我釋疑。

寫本文的時候，我正在思考三個問題：

1. 有三場近期的演講，苦無定著點，都關於人才流失與年輕世代帶領。

2. 邁入55歲後的我，如何將人生與商業價值極大化？放大使命，傳承經驗？

3. 後疫情時代的變動世界，如何找到方向與趨勢？這是每位創業者的議題。

看完本書，天色微亮，上述問題也出現曙光，這就是劉潤。

我一直不覺得書難賣，那要看什麼書？誰寫的書？劉潤的書引進台灣，這是我幫忙寫序或力推的第五本，而你的職場勁敵，若比你的求知慾更強，你就輸了，劉潤的書，的確有其指引價值。

因為看得多，會發現部分觀念會重複出現在其他各本，這也可以證實這些底層思維是他真正所信奉的邏輯，我想延伸本書的三個趨勢指引，尤其對台灣讀者的後續閱讀，可以更深，也更延伸。

活力老人

台灣在2025年即將邁入超高齡化社會，65歲以上長輩將佔全體人口的五分之一，趨勢下所帶來的商機與危機，劉潤做了許多詮釋。

但中熟齡人口的運用、意識與警覺，我從本書察覺許多商機與危機的存在值得一讀。

用戶代言人

「從幫建商賣房子，到幫消費者買房子」，此類顧問式銷售服務思維，雖然不是多新的觀念，但透過劉潤的詮釋與筆觸，我們自然一聽就懂，誰能掌握消費者情緒感知與品牌信任，誰就能掌握錢包。

這個觀念，也能完全解釋短影音爆紅的趨勢，他的想法跟我不謀而合，用我的話來說：「現今的知識型消費者不需要更多的課程與書籍，需要的是能幫他解構知識成為智慧，且方便應用的人。」

Z0世代

我的小兒子就是劉潤筆下的Z0世代,他說的九個特點,幾乎全中,他像是我兒子的爸爸,比我更了解他。

就業人口難尋,年輕世代難帶,大缺工時代,人口還是在,只是結構變,若是思維不變,人難找也只是剛好而已。

如何跟活力老人、Z世代相處,或更直白:「能夠洞悉他們的思維,從中獲取各種商業利益以及品牌價值,甚或是解決讀者的問題,肯定是最大的收穫。」

好看的內容很多,本書沒有數學,但有滿滿的進化**趨勢**,希望大家可以找到「多讀書、多見人、多旅行、逼自己的最適進化方案」。

缺靈感,就看劉潤,他就是我的商業雲端硬碟,而且持續進化中。

推薦序
AI時代：你不勇敢進化，終將被淘汰！

文／許景泰 商戰CXO執行長、大大學院創辦人

劉潤，作為一位著名商業及企業戰略顧問，他的暢銷著作《底層邏輯》重新讓我們思考：在這個快速變化的時代，問題的本質究竟在哪裡？是否存在一個明確的「底層邏輯」來指引我們的方向？此書《進化的力量》進一步提供了一套前瞻性的思維框架，並以淺顯易懂的方式批判現狀，挑戰舊有思維。

劉潤在書中指出，我們當前面臨諸如人口老化、數字轉型、新消費模式、工作方式變革等重大課題。他深刻反思這些挑戰，提倡打破既有思維模式，唯有主動進化，才能在競爭激烈的環境中生存。

尤其引人注目的是劉潤提出的「五種稀缺能力」，這些能力對於策略選擇具有重要的啟示作用，值得每個人在其行業和位置上深入反思：

一、超級企業的衝擊與「反脆弱」的力量：

你將會看到愈來愈多超級企業，他們的規模擴張將是史無前例的：例如：我們熟悉的輝達、台積電，就是在 AI 狂潮、晶片無所不在的巨無霸企業！

事實上，大企業要生存，朝向規模化、努力「做大」是不得不然的走向，因為不大不小的企業是沒有價格、成本、人才、資源優勢，大鯨魚可輕易吞噬比自己小、弱小的一方。我認為，會有更多大企業變成巨無霸企業，富可敵國，而另一種小而美，刻意「小」富有彈性的靈活企業將會成為另一種主流。

巨型企業，例如：亞馬遜在電子商務和雲計算領域追求規模化，透過其龐大的基礎設施和技術優勢來壓倒競爭對手，展現了大者恆大的商業模式。反之，專注於特定利基市場的小而美公司，必須時時刻刻保持靈活、反應夠快，才能存活。至於不大不小，生存上變得艱困難行。

正如劉潤指出：「從小雜貨店到大超市，再到便利商店，然後互聯網讓零售再變天，商業世界的進化邏輯，就像遵照達爾文的進化論，絕對不是最強壯的，也不是最聰明的活下來，反而是最能適應當下者才能生存。」換句話說，面對強者競爭，唯有擁有「反脆弱」，與時俱進、適應變化、不順服環境者才更容易活下來！

二、速度為王,「夠快」已成為進化的常態:

行業不可預測,AI 算力進化的速度帶來的影響也難以估算,因為,AI 已超越摩爾定律 18 周,無論你是否承認,從 ChatGPT 到各種 AI 應用的變化不再是年度的,而是日常和月度的,這使得行業的不可預測性及其帶來的影響日益加劇。無怪乎,很多工作會消失、被取代,新工作、新商業會不斷冒出!

顯而易見的,過去製作一支影片,不僅費時、費力,成本很高,但互聯網、新科技、AI 算力推波助瀾,讓人人都可快速生成一支專業的短影片。「天下武功唯快不破」在現在與未來的 AI 浪潮下,如劉潤指出的,僅適用提早看見「機會」,而且快速做出行動反應的人。你打不過別人,只能靠「快」來贏過別人!無論是生產流程更快、更符合個人量身訂做的快。因為,「提效」才能讓你抓住機會,突圍成功。

三、搶先一步,需勇氣與洞察力:

你想搶先一步,捷足先登,前提是你得先看懂整個「大勢」往哪走?而非「逆勢」而為!作者劉潤指出,如果你覺得行業可以預測並且可塑,已經搶先一步看見要發生變化了,那麼你應該「搶先」。

但具前瞻、有遠見者，事實上並不易。創新者必須在大企業看不起的「邊緣」潛力市場才有機會崛起，而「未被滿足」的市場，當你看見後，必須要以最快速度去搶佔市場，因為現在資訊太過透明，原本以為的藍海市場，下一刻可能就陷入紅海的競爭。當然，劉潤也指出「新技術」的出現也代表著，以為牢不可破的產業，都可能被新技術顛覆、重新洗牌。當然，危機和快速變化伴隨的機會也將是多的。只是當你發現大好機會在你面前時，你真有決心和勇氣去行嗎？

四、協同作戰，塑造新市場規則：

在變動的時代，市場上異軍突起者不少是「重新定義行業」，制定新市場規則者，從 Uber、Airbnb、Netflix、特斯拉等，重新定義行業並創建新平台的企業能夠重塑市場。這些公司不僅改變了單一產業，而是影響了更廣泛的商業生態系統。

例如：Uber 協同駕駛者可以成為計程車司機，重新形塑了原有我們對計程車司機是專職的模樣。但 Uber 野心後來又擴及外送、外賣市場，從而改變了我們對門市、美食場景的想像。Netflix 在崛起的過程，也遭遇過好萊塢電影公司、電影院的抵制，但「重新定義」家庭娛樂、看電影的場景與串流新商業模式，當協同力量快速長大後，若身為局中人，你也不得不屈服新市場的最終規則！這就是市場進化，弱肉強食、物競天

擇必然結果。

五、求存之道，存活即成功：

劉潤指出：「如果你所在的行業環境突然變得特別嚴苛，那麼這個時候的核心不是發展，而是求存，也就是是努力活下來。」這幾年，我因企業顧問的緣故，看見很多企業想要轉型、變革，但在現金流有限、組織變慢，真想變革人才不多下，多數企業的變革、轉型失敗率極高！你可以說，不求大變格，但努力求存也是一種超能力。你哪怕知道企業不破大立，難以有革新的一面，但現實就是先保命、先挺過來，養精蓄銳等待時機，反而是明智之舉！

整本書我認為不僅是商業戰略的指南，更是一部指引我們如何在快速變化的世界中找到定位和方向的寶典。對於那些渴望在這個充滿不確定性的時代中前行的人們，劉潤的洞見將是一盞指路明燈。

序言

我經常被問到這樣的問題:潤總,這些年商業世界發生了什麼變化?未來,我們的機會在哪裡?

作為一名商業顧問,我有責任回答這樣的問題。但是我發現,要回答這些問題,必須要用到「進化論」的視角。

達爾文在加拉巴哥群島(Galapagos)發現了達爾文雀,這種雀的進化現象啓發了他,使他在1859年出版了曠世巨著《物種起源》,並提出了著名的「進化論」:在蟲子多的島上,喙部是直的雀更適合生存;在漿果多的島上,喙部是彎的雀更適合生存。反之,就會處於劣勢,甚至滅絕。這就是「物競天擇,適者生存」。

成功,一定是因爲我們做對了什麼。但是,面對「天擇」邏輯的複雜性,我們其實並不知道什麼是對的。所以,面對變化,我們就用海量的「物競」應對複雜的「天擇」,這種力量就是進化的力量。

其實,商業進化和生物進化的底層邏輯是相通的。「不是最強壯的,也不是最聰明的,而是最適合的才能生存。」這句話不僅道出了物種從古至今演化的邏輯,也道出了商業世界進

化的脈絡。這世上，哪有什麼基業長青，哪有什麼永續經營，只有不斷地進化、進化、進化。適合了，就被選擇；不適合，就被淘汰。企業如此，個人也如此。

那麼，我們周圍的世界正在發生什麼變化？我們應該如何進化？在這本書中，我將與你一同探尋這些問題的答案。

- 人口是最重要的慢變量。2022年，連續14年的「活力老人」時代將正式開啓，你打算如何與他們合作？
- 從數據到資訊，到知識，再到智慧，我們一步步完成了數位化，你打算如何在法律的護航下開採數字石油？
- 從出口拉動經濟到投資拉動經濟，再到消費拉動經濟，我們已經進入了新消費時代，新模式、新品牌、新通路這三條賽道上，會有你在奔跑嗎？
- X世代迷茫，Y世代自信，Z世代獨立，每一代人都有不同的特點。當第一批Z0世代畢業生進入商業世界，你懂得如何把他們當作客戶，當作員工，當作合作夥伴，當作不得不攜手同行的後浪了嗎？
- 流量如水，每一次打通，都會灌漑無數創業者。流量生態正在打通公域與私域，你選好地方，開始打你的井了嗎？
- 跨境電商在過去兩年裡經歷了大起大落。接下來，跨境電商將開啓一場加時賽，比專業化，比品牌化，比本土

化，你準備好了嗎？我們的星辰大海，不是跨境電商，而是全球化品牌。
- 未來，平臺壁壘打破，萬物瘋狂生長，你正在變成你的Pro（升級版）嗎？

吳伯凡老師[1]有一句名言：「盲點不可怕，盲維才可怕。」所謂「盲維」，就是你沒有注意到的新維度。未來，祝你能用這些新的維度看清世界的變化，成為一隻商業世界的「達爾文雀」，不斷進化，與時俱進。

1　編注：著名學者、商業思想家，著有《孤獨的狂歡——數字時代的交往》。

目錄・Contents

推薦序　持續進化的商業雲端硬碟　003
推薦序　AI時代：你不勇敢進化，終將被淘汰！　006
序言　011

PART 1　達爾文雀

為什麼晶片比黃金貴　020
最適合的，才能夠生存　028
進化就是用海量的「物競」應對複雜的「天擇」　031
哪有什麼基業長青，只有不斷地進化　033
在進化的道路上，底層邏輯更加重要　039
萬物得其本者生，百事得其道者成　048

PART 2　活力老人

中國將從輕度老齡化進入中度老齡化　054
「活力老人」計畫　063
這將是一個科學家創業的時代　067
第三次人口紅利，是高素質人口紅利　071
要關心年輕的勞動力，也要關心老去的老年人　078

PART 3　數字石油

數據是數字世界的新能源　　　　　　　　　　086
你在感知這個世界時,這個世界也在感知你　　092
沒有法律規範的市場,只會劣幣驅逐良幣　　　096
所有「檸檬市場」裡,都有很大的數字化機遇　098
從資訊到知識,是數字化的關鍵一步　　　　　100
把知識聚合為智慧,才能做出更好的決策　　　103

PART 4　新消費時代

新消費時代正在到來　　　　　　　　　　　　108
從品牌的代理人變為用戶的代言人　　　　　　113
用「短影音＋直播」把所有產品都重賣一遍　　116
品牌的基礎是信任　　　　　　　　　　　　　122
往前看,才能衝出賽道　　　　　　　　　　　129
誰占領了用戶情緒,誰就占領了用戶錢包　　　140
一切商業的起點,是讓消費者獲益　　　　　　145

PART 5　Z0世代

只有理解了Z0世代,才能理解未來　　　　　　150
9個底層邏輯讓你理解Z0世代　　　　　　　　154

PART 6　流量新生態

流量生態的第一次打通是線下和線上的打通	166
做私域,本質上就是把公域流量私有化	172
打通私域與公域的利器:私有化、回購率、轉介紹	178
把流量從付費媒體和贏得媒體轉化沉澱到自有媒體	190
在今天能打到獵的時候,要懂得儲備糧食	197
自媒體和社群帶來巨大的「新流量紅利」	201
透過私域流量撬動To B業務	204
省下來的流量成本,就是你的品牌溢價	210

PART 7　跨境加時賽

跨境電商已是一片紅海	218
真正的利潤來自客戶「不想離開」	227
穩住,才能贏這場「跨境加時賽」	231
跨境電商要走向專業化、品牌化和本土化	237
選品不能靠運氣,利用大數據輔助選品是趨勢	246
商家和源頭工廠要合作共贏	248
跨境電商終將成為傳統行業	251

PART 8　瘋狂生長

世界在哪裡被撕裂，就會在哪裡迎來一輪瘋狂生長	258
漸變是大公司的小機會，突變是小公司的大機會	268
一片草原上，只有獅子有權力說「團結」	274
未來的競爭是認知的競爭	279
找到增長飛輪，實現指數級增長	285
進化的路上，與溫暖的力量同行	294

Part 1
達爾文雀

為什麼晶片比黃金貴

2021年6月16日,一名男子在香港遭遇搶劫。警察趕到現場,問他被搶走了什麼,他說「晶片」,就是手機、電腦甚至電鍋裡都要用到的晶片,一共被搶走了14箱,價值500萬港元。

這是我人生中第一次聽說有劫匪「不搶金店,搶晶片」的。是不是很魔幻?這個劫匪想必是理工科畢業的。

更魔幻的是,第二天,晶片股全線上漲,像台基股份(湖北台基半導體股份有限公司)、聚燦光電甚至漲了20%左右。這簡直是在拍電影。

但是,即便是在拍電影,也要有個理由。為什麼要搶晶片呢?是為了拉升股價嗎?不是的。而是因為在2021年,晶片的確比黃金貴。

羅小珣是我的一位學員,是瑞邦環球科技的創始人。她的公司是做PCB也就是印刷電路板的。她的工作之一是幫客戶滿世界找晶片。她告訴我,其中一種晶片,在2021年3月中旬的價格是179元,到了3月下旬,竟然漲到了1142元![2]

還有一種晶片,門鎖、手錶以及各種穿戴設備裡都要用

2　編按:若沒有特別提及,本書中的幣值均為人民幣。

到，平常的售價大概是7元。一個英國的客戶想買這種晶片，用到他的海底探測機器人身上。羅小珣團隊去商詢價格，晶片公司報價30多元，羅小珣感覺太貴了，沒買。可是到了第二天，這種晶片的價格一下子飆升到146元！

另一種用在千兆網設備上的晶片，2020年的價格是19元。發揮你最大的想像力猜一下，這種晶片2021年最貴時漲到了多少？14,500元。如果按每克價格來計算的話，這種晶片已經比黃金貴了2~4倍。

為什麼會漲成這樣呢？因為嚴重缺貨。那為什麼會嚴重缺貨呢？因為新冠肺炎疫情。

2020年的新冠肺炎疫情把這個世界分成了兩個涇渭分明的時代：一個是沒有口罩的時代，一個是去哪裡都要掃QR code的時代。

新冠肺炎疫情會影響餐飲行業、旅遊行業，影響很多線下服務業，這都可以理解。但是，新冠肺炎疫情怎麼會影響到晶片行業，最後導致嚴重缺貨、價格瘋漲呢？

當時，誰也想不到。但現在從馬後炮的角度來看，從新冠肺炎疫情到晶片缺貨，其實經過了三個傳導因子：消費電子市場爆發→工廠謹慎擴產能→恐慌性囤貨。

因為新冠肺炎疫情，大人在家辦公，孩子在家上課。以前，大人、孩子共用一台電腦就可以了，現在必須每人一台。所以，曾經連續六年呈現下滑頹勢的PC市場，在疫情暴發的

2020年全球出貨量超過3億台，同比增長13.1%，創下近年來的新高。電腦周邊設備的出貨量也出現了同步增長：以美國為例，路由器同比[3]增長了29%，滑鼠同比增長了31%，鍵盤同比增長了64%，耳機同比增長了134%，顯示器同比增長了138%，網路攝影機同比增長了179%。

所有這些設備都要用到晶片，於是，晶片突然開始缺貨。

缺貨？這還不簡單？加班加點生產就可以了。加班加點都來不及？那就再增加一條生產線，擴大產能。

其實沒那麼簡單。我們常說「產能爬坡」，但是實際上那個在「爬坡」的，是穩定增長的需求。產能不會「爬坡」，只會「爬樓梯」，這一個大步子邁出去，需求能跟得上來嗎？大家普遍預測，等新冠肺炎疫情結束，瘋狂的需求會銳減，所以，工廠不敢貿然擴大產能。

那怎麼辦？

為了防止晶片缺貨導致停產，大量廠商開始恐慌性「囤貨」。不少品牌提前買足了3個月的晶片用量，甚至有人開始囤6個月、12個月的用量。越囤越缺貨，這時就有更多人囤貨，然後就導致更加缺貨。

晶片短缺到底會持續多久？2021年3月，雷軍說：「不僅是手機晶片缺貨，全球無論什麼晶片都缺貨，而且這個缺貨，

3　編注：同比意指與同期相比。

可能會持續兩年。」也就是說,雷軍當時認為,晶片缺貨可能會持續到2023年3月(見圖1-1)[4]。

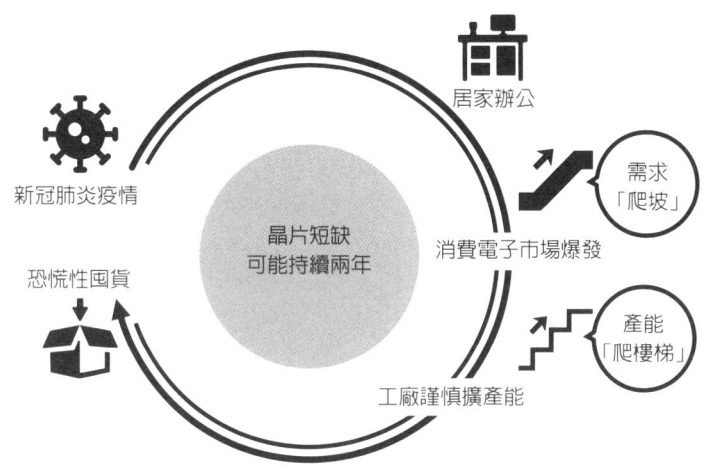

圖1-1　晶片短缺可能會持續兩年

　　晶片行業是一個聰明人密度較高的行業,然而,在環境發生巨變時,居然所有人都束手無策。不管你怎麼努力,似乎都是「困難總比辦法多」。

　　但是,環境的巨變,是不是只會給人出難題呢?當然不是。

4　編注:直到2024年才逐漸樂觀。〈KPMG發布《2024 全球半導體產業大調查》:超過八成半導體產業高階主管看好2024產業營收成長,電動車和人工智慧被視為半導體營收增高推手〉(中央社)

一個叫宋婷婷的小姑娘，2021年時只有19歲。大一下學期，她成立了一家外貿電商公司，半年就收入了500萬元。2021年9月，《中國青年報》進行了一次調查，主題是00後大學生對自己畢業後薪酬的評估。在報社回收的2700份問卷中，67.65%的00後大學生認爲自己10年後的年薪可以超過100萬元。但事實上，畢業10年後年薪百萬的大學生可能不到萬分之六，也就是說，在這2700人中，能達到年薪百萬的不到1人。年薪百萬，其實非常困難，大部分人終其一生都做不到，但是這個叫宋婷婷的小姑娘在她19歲的時候就做到了。

　　她是怎麼做到的？就是面向海外採購商做跨境直播。

　　有時，她的一場直播有1萬多人在線觀看，現場就有300份採購單。現在，她每月有5000多條私訊。還有很多客戶問都不問，直接靜默下單。

　　一個19歲的新手是怎麼做到一創業就如魚得水的呢？是因爲她所進入的行業——外貿電商迎來了爆發式的增長。

　　2021年上半年，我遇到了阿里巴巴國際站的總經理張闊。他告訴我一個數據：2021年第一季度，中國跨境貿易總額相比2019年第一季（不是2020年，是新冠肺炎疫情暴發前的2019年）增長了將近300%！

　　外貿電商的蓬勃發展，也是因爲同一個原因——新冠肺炎疫情。

　　那麼，新冠肺炎疫情又是怎麼讓外貿行業爆發的呢？

從新冠肺炎疫情到外貿行業爆發，其實也經過了三個傳導因子：全球需求下降→全球供給下降得更厲害→復工的中國供應鏈填補「剪刀差」。

2020年2月，新冠肺炎疫情暴發，因為疫情防控需要，中國經濟按下了暫停鍵。工廠停工，餐廳歇業，景區關門……幾乎所有的行業都遭受了重創，其中當然也包括外貿行業。

這時，很多海外客戶問：「你們還能不能發貨？『世界工廠』什麼時候能開工？」根據跨境金融和風控服務公司XTransfer發布的《2020年中國中小外貿企業競爭力指數》，因為新冠肺炎疫情，中國中小外貿企業競爭力指數從2020年1月的71.9驟降到了2月的67.7。

可是，到了2020年3月，形勢戲劇性地翻轉。因為強有力的抗疫措施，肆虐全球的新冠肺炎疫情在中國得到了緩解。原本外貿人擔心的是上游工廠因為停工無法供貨，現在外貿人開始擔憂下游因為新冠肺炎疫情不下單了。

2月份，他們要不斷地回答客戶「我們很好，我們沒事，不影響生意」，而3月份，他們又要不斷地問客戶「你們好嗎？口罩要嗎？單還下嗎」；2月份，他們擔心開不了工，趕不上貨期，而3月份，他們擔心的是客戶被隔離付不了貨款。因此，當時有一句外貿人自嘲的話很流行：「中國打上半場，世界打下半場，外貿人打全場！」

但是，外貿行業真的這麼慘嗎？2020年3月，當中國大量

海外訂單被取消，幾乎所有人都唱衰出口時，我在我的創業者社群「進化島」發表了一篇文章說：外貿行業的機會可能要來了。

為什麼？因為新冠肺炎疫情，大家不出門了，不花錢了，全球的需求確實下降了。但是，也因為新冠肺炎疫情，員工放假，工廠關門，全球的供給下降得更厲害。這個「剪刀差」，就是當時中國外貿的巨大機會。

XTransfer的中國中小外貿企業競爭力指數也說明了這一點。2020年3月，中國中小外貿企業競爭力指數從2月的67.7提升到68.8。雖然只提升了一個點左右，但是我們只用了一個月的時間就開始觸底反彈。我們穩住了。

到了2020年4月，中國中小外貿企業競爭力指數又從3月的68.8陡升到了77.9。

為什麼4月份會陡升呢？

有一次，我參加一個外貿論壇，論壇主辦方邀請了菲律賓駐華貿易投資中心的負責人Mario C. Tani做分享。Mario在演講中分享了疫情期間菲律賓的出口數據。菲律賓的出口從2020年1月新冠肺炎疫情暴發就出現了下降：2020年1月同比下降了9.6%，2020年2月同比下降了3.4%。這兩個月是「中國的上半場」，而2020年3月，進入「世界的下半場」了，菲律賓的出口一下子下降了15.8%。到2020年4月，菲律賓的出口數據更加令人震驚，同比下降了41.3%！

對比一下，你會發現，從時間線上來看，中國中小外貿企業競爭力的提升和菲律賓出口的下降有著驚人的重合，尤其是在2020年4月。

菲律賓只是其中的一個代表，其實，當時全球的供給都在銳減。而這時，中國的供應鏈正在快速復工復產。這中間的「剪刀差」就變成了機會，湧向了中國的外貿電商。

現在我們回過頭來看，會發現：

同樣的疫情，導致了兩個行業截然不同的結果：晶片行業的缺貨和外貿行業的爆發。

同樣的疫情，導致了兩個人截然不同的命運：一個人靠打劫晶片搶了500萬元；一個人靠外貿直播賺了500萬元。

道德經裡有句話：「天地不仁，以萬物為芻狗。」它不對誰特別好，也不對誰特別壞，它只是按照自己的路徑變化──「晶片行業因為我的變化變得水深火熱了，外貿行業因為我的變化一飛衝天了，那都是你們的事情，與我無關。」

最適合的，才能夠生存

誰才能在「我的變化」裡活下去呢？

「不是最強壯的，也不是最聰明的，而是最適合的才能夠生存。」我特別喜歡這句話。很多人以為這句話是達爾文說的，以前我也是這樣以為的。但是，生命科學家王立銘老師告訴我，這其實是美國的一位商學院教授里昂·麥金森（Leon Megginson）說的。[5]

不管是誰說的，這都不妨礙宋婷婷被時代「砸」中，成為一隻天選的「達爾文雀」。

什麼是「達爾文雀」？

1835年，一位年輕的博物學家坐著一艘叫「貝格爾號」（H.M.S. Beagle，也叫「小獵犬號」）的船來到南美洲的加拉巴哥群島，並在那裡停留了大概一個月。

加拉巴哥群島由7個大島、23個小島、50多個岩礁組成，距離南美大陸1000公里，大部分動物包括飛鳥很難在該群島和南美大陸之間遷徙，因此該群島幾乎與世隔絕。也正因為如此，該群島上獨立進化出了很多前所未聞的物種，比如平塔島象龜、海鬣蜥、藍腳鰹鳥等。但是，要論這個群島上最著名

---

5 https://www.darwinproject.ac.uk/people/about-darwin/six-things-darwin-never-sAId/evolution-misquotation

的物種,卻是一種外形平平無奇,看上去也沒什麼神奇能力的雀。

這種雀之所以知名,是因為它引起了這位年輕的博物學家的注意。這位博物學家從加拉巴哥群島和周邊島嶼上收集了很多動植物標本,其中就有幾十隻這種雀的標本。

回到英國後,他把這些標本交給了著名的鳥類學家約翰・古爾德(John Gould)。古爾德研究後發現這些雀的喙部形狀差別很大。

比如,有的雀喙部又厚又硬,這是因為牠要撿食地上的堅果。

比如,有的雀喙部又尖又細,這是因為牠要啄食樹木裡的蟲子。

比如,有的雀喙部閉合不夠嚴密,還微微向內彎,這是因為這樣更方便吃花蜜和昆蟲。

古爾德發現,這些雀雖然喙部如此不同,但彼此之間具有很近的親緣關係。原來,這些雀源於同一個祖先,但是在不同的小島上,因為環境不同、食物不同,它們分別進化出了不同的形態,最終生存了下來。

這個有趣的現象啟發了這位博物學家。1859年,也就是探訪加拉巴哥群島的24年後,他出版了一本曠世巨著——《物種起源》,並提出了著名的「進化論」。在蟲子多的島上,喙部是直的雀,更適合生存;在漿果多的島上,喙部是彎的雀,更

適合生存。反之，就會處於劣勢，甚至滅絕。這就是「物競天擇，適者生存」。

這位博物學家就是查爾斯・羅伯特・達爾文（Charles Robert Darwin）。

進化論的提出從此改變了整個人類看待自己的方式。生物學家杜布贊斯基（Dobzhansky）甚至說：「若無進化之光，生物學毫無道理。」（Nothing in biology makes sense except in the light of evolution.）

後來，這座啟發達爾文提出進化論的加拉巴哥群島被稱為「進化島」，而這種根據環境變化而不斷進化的雀被稱為「達爾文雀」。

進化就是用海量的「物競」
應對複雜的「天擇」

進化論可能是對後人影響最深的學說之一，但也可能是被後人誤解最深的學說之一。

你真的懂「進化論」嗎？

從前，有一種短脖子長頸鹿，喜歡吃樹葉。可是，吃著吃著，低處的樹葉吃完了，怎麼辦？這隻短脖子長頸鹿的「腦洞」很大。它開始生孩子，拚命生，拚命生。大部分孩子都是正常的，和它一樣是短脖子長頸鹿。但是有一個孩子，不知道為什麼，脖子卻特別長。正常的短脖子長頸鹿因為吃不到高處的樹葉，紛紛餓死了，而這個長脖子的長頸鹿最後居然生存了下來。

短脖子長頸鹿其實並不知道，環境發生巨變後，是脖子長一點的能活下去，還是脖子短一點的能活下去。不光短脖子長頸鹿不知道，誰也不知道。怎麼辦？那就拚命生，拚命生。只要數量足夠多，總會發生各種意料之外的隨機變異，比如，有的短脖子長頸鹿脖子變長了，有的短脖子長頸鹿腿變粗了。哪一種才能活下去呢？不知道。沒關係，交給「上天」來選。

生命科學家、得到課程「進化論50講」主理人王立銘老師說：「進化論是地球上唯一可靠的成功學。」說得太對了。

成功，一定是因為我們做對了什麼。但是，面對「天擇」邏輯的複雜性，我們其實並不知道什麼是對的。所以，面對變化，我們就用海量的「物競」應對複雜的「天擇」，這種力量就是進化的力量。

哪有什麼基業長青，只有不斷地進化

潤米諮詢每年要做不少事情，包括經營「5分鐘商學院」專欄、「劉潤」公眾號和影音號，出書，做演講等，但排在所有這些事情之前的是諮詢，因為潤米諮詢首先是一家諮詢公司。

諮詢公司有兩個最重要的工作：思考和尋找。我經常開玩笑說，做諮詢就是「夜觀天象，日觀人相」。這八個字是從五源資本創始人劉芹那裡借來的。

晚上，要靜靜地思考。思考什麼？思考「天擇」的複雜邏輯，看看上天又出了什麼新題，試著做做看。簡單的就做出來，複雜的就先放著。

白天呢，到處見人，滿世界尋找。尋找什麼？從海量的「物競」的方法中，尋找那些做得對的──「哇，這麼複雜的題你居然做對了，我看看你是怎麼做的？」

而在思考和尋找中，尋找是更重要的事情。因為面對那些真正複雜的變化，做對題，有時候真的只能靠運氣。

靠運氣？是的。

馬雲說，阿里巴巴成功是靠運氣，並非依靠勤奮；馬化騰說，創業初期，70%是靠運氣；雷軍說，企業的成功，85%來自運氣；YouTube的創始人陳士駿也說，成功需要90%的運氣

加10%的努力。

都說自己成功靠運氣。你信嗎？

不管你信不信，反正我是信了。面對真正複雜的變化，100隻隨機變異的雀都認為自己給出的是正確答案，證明過程看上去都無懈可擊。但是，正確答案只有一個。做對題，有時候確實只是運氣好。

既然馬雲、馬化騰、雷軍、陳士駿都說自己靠的是運氣，那我還假裝什麼「學霸」呢？

保持敬畏，保持謙遜。趴在地上，爬到樹上，到處尋找，尋找那些因為聰明，因為強壯，或者僅僅是因為運氣好而做對了新題的「達爾文雀」。

這，就是我的工作。

所以，我瘋狂地出差，到處尋找。

2016年，我發起了一個叫「問道全球」的專案。感謝曲向東老師和他的「極之美」團隊的悉心安排，讓我可以每年專心陪同20多位企業家在全球範圍內尋找「達爾文雀」。

第一站，就是進化的聖地——加拉巴哥群島。2016年1月，在達爾文登島181年之後，我陪同一些充滿重生渴望的企業家、創業者朋友飛越半個地球，登上這座「進化島」，探尋商業進化和生物進化共通的底層邏輯。在島上，我們親眼看到了達爾文在1835年看到的軍艦鳥、藍腳鰹鳥、加拉巴哥象龜、陸鬣蜥、海鬣蜥、加拉巴哥企鵝和達爾文雀。然後，我和同行

的企業家和創業者講解達爾文雀的進化，探討如何做一隻商業世界裡的「達爾文雀」。我們深受自然規律的啓發：這世上，哪有什麼基業長青，哪有什麼永續經營，只有不斷地進化、進化、進化。適合了，就被選擇；不適合，就被淘汰。企業如此，個人也如此。

後來，我們又一起探訪了以色列、德國、美國、祕魯等很多國家。回國後，我開始大量分享我關於「商業進化」的觀點，也作為商業顧問，擼起袖子參與一些企業艱苦的「進化」，努力幫助企業和企業家成為商業新生代的「達爾文雀」。我在幫助他們的同時，也在學習，也在進化。

後來，我又發起了「問道中國」的專題。在過去這些年，我與企業家朋友們幾乎走遍了中國的34個省、自治區、直轄市、特別行政區，以探尋那些正好「適合」這個時代的商業「達爾文雀」。我們一起探訪了大量優秀中國本土企業，除了百度、阿里巴巴、騰訊、字節跳動之外，我們還認識了很多今天可能還不知名，但未來的某一天一定會在中國的商業史上留名的企業。

另外，我還在領教工坊、黑馬營以及阿仁孵化器，長期陪伴著一些潛在的達爾文雀企業。它們還很小。同時，我還擔任著騰訊、恒基等企業的戰略顧問。它們已經很大了。

越探尋，我似乎越能清晰地看到商業進化的脈絡。

小時候，我家裡的油鹽醬醋是在街口的「小雜貨店」買

的。除了賣油鹽醬醋，小雜貨店還租錄影帶。我的物質生活和精神生活都被小雜貨店「一把抓」了。小雜貨店的老闆還特別聰明，你不會做的作業也可以問他。對了，他還賣作業本。

小雜貨店是適合那個時代的物種。那時，車馬很慢，書信也很慢。

但是不久，天變了，「大超市」來了。

大超市的大規模帶來了低價格，低價格帶來了大規模，如此循環。站在消費者的角度，這就意味著「又全又便宜」。在大超市的「強壯」面前，小雜貨店的「聰明」毫無用處。

大超市是適合它那個時代的物種。在那個時代，大就是強，強就是好。

但是不久，天又變了，「網際網路」來了。

因為沒有門市租金的成本，在網上買東西更全、更便宜，還隔天就能送到。大超市的「強壯」突然變成了「笨拙」。然後，家樂福被賣掉了，麥德龍（Metro AG）被賣掉了，大潤發被賣掉了。而小雜貨店換了個名字叫便利商店，又活過來了，而且越活越好。

為什麼？

晚上吃完飯，你下樓散步，突然很想喝一杯優酪乳。請問，這時你會在哪裡買這杯優酪乳？家樂福？來回5公里，太遠。京東超市？明天才送到，太慢。這時候，你一定會在門口的便利商店買，即使你明知便利商店比家樂福、京東超市賣得

要貴一點，因為它近。

從小雜貨店到大超市，再到便利商店，商業世界的進化邏輯和達爾文的進化論是一模一樣的：不是最強壯的，也不是最聰明的，而是最適合的才能生存。

這些年，我每年都要出差100多天，經常要在8天中跨越南北方4個不同城市，凌晨5:30起床到次日凌晨2:00才能睡覺，中途還要開現場會、電話會，錄製影音，回答「進化島」同學的提問……雖然很辛苦，很累，但是我像達爾文一樣興奮。因為，我收集了大量的商業「達爾文雀」的標本，並把它們帶回了潤米諮詢。

作為一名諮詢顧問，我開始分析它們的戰略，解構它們的組織，仔細研究，尋找它們之所以能「適合」這個時代的突變基因，破解商業進化的密碼。我相信，這些「達爾文雀」身上的基因密碼一定對創業者、企業家、管理者，以及所有對商業甚至自身職業生涯感興趣的同學有很大的啟發。

然後，從2021年10月1日起，我開始閉關，不出差，不去辦公室，不諮詢，不演講，不開會，只做一件事，就是專心準備2021年的年度演講。對諮詢顧問來說，時間就是金錢，閉關一個月，準備一場演講，這是多大的投入？可是，為什麼我要耗費大量的時間去做這樣一件事呢？

因為我知道，每年的11月、12月是很多企業做下一年的年度規劃的時候。我希望把自己在過去一年看到的那些變化以及

「達爾文雀」們給出的參考答案,透過這場年度演講和大家分享,讓我們一起更早地看到未來。

你可能是強壯者,也可能是聰明者,現在,我邀請你和我一起向達爾文雀學習,然後,完成你自己的進化。

我一直很喜歡張瑞敏先生的一句話:「這個世界上,從來沒有成功的企業,只有時代的企業。」是的,所有企業的成功,都是因為踏準了時代的節拍。我們可能曾經踏準了時代的節拍,獲得了今天的小有成就或者偉大輝煌。但是時代總在變化,於是我們也唯有不斷進化。只有這樣,才能再次踏準時代的節拍,獲得更大的成功,或者再造卓越。

在進化的道路上,底層邏輯更加重要

經常有人問我:在商業裡,在創業中,有什麼值錢的稀缺能力?

我說,總體而言,有5種稀缺能力。這5種能力其實也算是5種戰略,而且是更底層的戰略,是選擇戰略的戰略。

在進化的路上,底層邏輯更加重要。

商業世界有一些基本的維度,比如,是否可預測,是否可塑,以及環境的嚴苛性等。把這些維度進行排列組合,你就能清楚地看見不同的戰略。

如果你覺得行業可以預測卻不可塑,那麼基本的戰略是「做大」。

如果你覺得行業不可預測也不可塑,都是模糊的,那麼這個時候只能「求快」。

如果你覺得行業可以預測並且可塑,知道要發生變化了,那麼你應該「搶先」。

如果你覺得行業不可預測但是可塑,那麼你要做的是「協調」,是團結那些和你一樣的人,去重新定義規則。

如果你所在的行業環境突然變得特別嚴苛,那麼這個時候的核心不是發展,而是活下來,是「求存」。

做大、求快、搶先、協調、求存,就是5種稀缺能力,也

是5個進化的底層邏輯,是你在引領企業發展的過程中必須要思考的事情。

1.做大

如果你覺得行業可以預測但不可塑,那麼這樣的行業可能是傳統行業,基本的戰略和打法是「做大」,實現規模優勢。

在商業中有一個非常基本的「成本公式」:成本=(固定成本/銷售規模)+變動成本。遵循這個公式,我們想要做大,有3種方法:一是降低固定成本,二是降低變動成本,三是提升銷售規模。你可以根據自己的情況選擇合適的打法。

小米選擇的方法是提升銷售規模。舉個例子,假如小米智慧手環的固定成本(建立生產線、開模具等)是1000萬元,變動成本(購買晶片、電池等)是60元,應該怎麼定價?小米認為自己至少能賣1000萬個智慧手環,那麼,1000萬元的固定成本平攤在1000萬個智慧手環上,每個智慧手環的成本只有1元。加上60元的變動成本,那麼小米的智慧手環定價只要大於61元就不虧。如果你也準備做智慧手環,你覺得自己能賣多少?如果你能賣10萬個,那麼,1000萬元的固定成本平攤到10萬個智慧手環上,每個智慧手環的成本是100元。加上60元的變動成本,你的智慧手環要賣161元才不虧。61元和161元,哪個更有優勢?

這就是「做大」——比你大,比你便宜,還比你賺錢。

所以，做大的競爭往往是非常慘烈的。你經常能聽到各種關於價格戰的故事，就是這個原因。

但是，如果實在沒辦法做大呢？你可以選擇差異化。

有一家叫「我樂櫥櫃」的高級定製櫥櫃品牌就選擇了差異化戰略。它的產品用設計感來展現差異化，做得比市面上的其他產品更好，而且同樣的款式在行業裡找不到第二家。因為找不到而稀缺，因為稀缺，我樂櫥櫃擁有了定價權。

當然，好的設計會有被抄襲的風險，但是即使抄襲也需要時間，從抄款式到上生產線加工出來，需要很長的時間。而在這段時間裡，我樂櫥櫃的產品早就已經下架了，因為它規定：所有的產品必須在兩年內全部下架。然後，它會繼續設計開發新的差異化的產品。這實際上也是倒逼自己建立快速設計產品的能力，從而牢牢守住自己的差異化優勢。

2.求快

如果你覺得行業不可預測也不可塑，都是模糊的，那麼這個時候只能「求快」。

就像在一個漆黑的世界，你根本不知道前面是什麼，你只能遇到金礦就趕緊挖，遇到老虎就趕緊跑。新冠肺炎疫情期間的外貿行業就是這樣的情況。在新冠肺炎疫情暴發之初，停工停產，外貿行業受到了極大的影響。但隨著中國經濟逐漸恢復正常以及世界上其他國家和地區新冠肺炎疫情越來越嚴重，在

需求和供給之間出現了一個很大的缺口。漆黑的世界裡突然有一個地方被點亮，稍縱即逝，必須趕快抓住這個時間窗口。最後，那些勇敢地衝進去的外貿企業、跨境電商商家，都賺到了不少錢。

所以，你也可以想想，在你所在的行業裡應該怎麼求快？

我經常說，至少有一些方面你可以更快。

比如製造業的「生產天數」可以不斷縮短。

熟悉我的朋友都知道，我非常瘦，所以我的很多西裝、襯衫都是定製的。定製的衣服雖然合身，但是要花很長時間。量身、裁衣、製作、試穿、修改、成衣，往往要耗費半個月甚至一個月。我的一位企業家朋友在青島有一家西裝工廠叫「酷特雲藍」，她對我說：「潤總，以後你的西裝就交給我來負責吧。你下單後7天，衣服就送到家了。」

我很好奇：這麼快？這是怎麼做到的？

她說，是因為透過模組化和柔性化實現了反向定製。

她派了一個小姑娘，在我身上19個部位量了22個數據，然後，我們坐在電腦面前一個模組、一個模組地選擇：西裝的領口向上斜還是向下斜；袖口的扣子是4粒還是5粒；衣服的裡襯是麻的還是綢的……接著，我的身材數據和喜好數據透過網際網路進入了她的西裝工廠。

她的工廠進行了柔性化的技術改造，這使得生產線可以實現小批次甚至是單件的生產，生產的周期也縮短到7天之內。

這種反向定製的模式，不僅能消滅庫存，還大大提高了生產速度。

再比如零售行業的「庫存周轉天數」也可以不斷縮短。

庫存周轉天數是指你進一批貨之後多久能賣出去。假如一家小雜貨店進了100元的貨，賣150元，利潤很高，達到了50%，但是花了一年才賣出去。另一家超市也進了100元的貨，賣110元，只賺10%，利潤很薄，但是只花一個月就賣出去了。那麼，誰賺得更多呢？

答案是超市。

因為超市的庫存周轉天數更少，它一年能賣12次，一共能賺120元。而小雜貨店一年只能賺50元。超市賣得比小雜貨店便宜，卻能賺得更多。

在商業世界中，庫存周轉天數的多少帶來的差異是巨大的。

我可以與你分享一組各個企業庫存周轉天數的數據：蘇寧[6]47天，沃爾瑪45天，京東38天，Costco 30天。

這意味著在同樣的條件下，如果蘇寧能賺100萬元，沃爾瑪可以賺104萬元，京東可以賺124萬元，而Costco可以賺157萬元。這就是庫存周轉天數更少的重要性。

6　https://www.hksuning.com/

3.搶先

如果你覺得行業可以預測並且可塑,知道要發生變化了,那麼你應該「搶先」。就像玩「搶椅子」的遊戲,誰先坐下,搶到了位置,誰就勝利了。

在一個新的交易網路裡,如果一個有價值的生態位正在出現,那麼這就是要去搶的機遇。而重大機遇來臨時,通常有以下四個信號,你可以關注。

一是逐漸明朗的重大**趨勢**。

比如新基建。過去的基建是指修橋、修路、修高鐵,而新基建是國家重點扶持和關注的網際網路領域的基礎設施建設。新基建是國家戰略,其中蘊藏著很多機遇。如果能把新基建和你所在的行業關聯起來,你可能會發生翻天覆地的變化。

二是新技術的出現。

基因技術、5G技術、自動駕駛技術、區塊鏈技術……每一種技術都可能引領一個行業的變革。技術的變革,會造就一批新人,也會淘汰一批老人。誰能發現新技術,誰能利用新技術,誰就有可能屹立在新的潮頭。想一想,你所在的行業有哪些新的技術正在出現?

三是未被滿足的需求。

人的需求永遠都會存在,而且永遠都不會被滿足,只是在當下的情景、當下的技術、當下的環境中被暫時性地滿足了。當有一些新的工具、新的模式、新的創意出現時,那些未被滿

足或未被很好地滿足的需求，就會成為你的機會。

比如，這個世界上永遠有一批想嘗鮮的先鋒用戶，在尋找著最新奇的產品。而這些新鮮的、好玩的產品，可能不會在淘寶上，而是在抖音（TikTok）上。

四是關注邊緣企業等潛在顛覆者的活動。

創新往往發生在不起眼的瞬間，顛覆往往發生在邊緣。很多邊緣企業可能就是潛在顛覆者，關注他們有時候會有意想不到的收穫。他們試的這條路徑通不通？如果他們失敗了，相當於為你試錯了。如果他們成功了，你也可以跟進，或者與他們合作。

當你發現了這些信號後，接下來要做的就是應用新技術，創造一個新的商業模式，或者把你的能力遷移到另一些行業。

搶先，就是拚速度，在時間窗口關閉之前就牢牢占住位置。

4.協調

如果你覺得行業不可預測但是可塑，那麼你要做的是「協調」，是團結那些和你一樣的人，去重新定義規則。

2019年12月，伊隆・馬斯克發表了一篇文章《我們所有的專利屬於你》（All Our Patent Are Belong To You），他說，他將採取「開源模式」，對外開放所有專利，以鼓勵其他企業開發先進的電動汽車。他之所以這麼做，是因為他清楚地知道，

特斯拉的對手不是其他電動車，而是整個燃油車生態系統。馬斯克做的就是協調——團結行業的所有人，重新定義產業規則。

貝殼找房的例子也是如此。貝殼找房是房地產經紀行業的創新力量。我曾經說過，房地產經紀行業的真正問題是C端（客戶端）單次博弈，B端（企業端）零和博弈。C端單次博弈的根源是經紀人從業時間短，B端零和博弈的根源是經紀人贏家通吃。而貝殼找房提出，解決這個問題的根本思路是採用一套新的行業合作機制：一是延長經紀人的從業時間，讓老客戶的口碑效應顯現，從而使經紀人可以從長期誠信中受益，減少C端單次博弈；二是經紀人合作賣房，按照貢獻分配中介佣金，讓所有付出都能得到相應的回報，減小B端零和博弈。這套行業合作機制，就是我們經常聽到的「ACN（Agent Cooperate Network）」，也就是經紀人合作網路，它把經紀人的工作分為了10個角色（房源方5個，客源方5個）。

5.求存

如果你所在的行業環境突然變得特別嚴苛，那麼這個時候的核心不是發展，而是「求存」，是努力活下來。活下來，就是勝利。

什麼是求存？具體來說就是救命，治病，養生。

救命就是活下去。失血過多時，關鍵是立刻止血，而不是

分析病因。

治病就是好起來。血管堵塞時，關鍵是安裝支架，而不是少油少鹽。

養生就是更健康。身體虛弱時，關鍵是休養鍛煉，而不是多喝熱水。

從財務報表的角度來看，「救命」就是現金流為正，「治病」就是利潤為正，「養生」就是資產增值。

做大、求快、搶先、協調、求存，就是5種稀缺能力，也是5種選擇戰略的戰略。

這些底層邏輯，既可以幫助你更好地思考，也能幫助你做出更好的決策。

萬物得其本者生，百事得其道者成

每個人都渴望進化，也希望在進化的過程中獲得成功。經常有人問我：成功有沒有方法論，如何從成功走向成功？

這是一個很好的問題。

我和你分享幾個故事和我的一些思考，希望對你有啓發。

我有個朋友開了一家餐廳，經營得非常好。他的餐廳不僅有好吃的菜品、實惠的價格、良好的服務、現代的裝修，他還精通八大菜系[7]，尤其小龍蝦是一絕，因此，去他的餐廳吃飯的人絡繹不絕。他也透過這家餐廳賺到了不少錢。

有一天，他興高采烈地告訴我：他要在全國開連鎖店，讓更多人吃到他家的飯菜。經過長時間的準備，他陸續開了第二家店、第三家店、第四家店……然而，這些店卻讓他從賺到不少錢變爲虧得一塌糊塗。

爲什麼會這樣？

首先我們要理解這件事情的本質。這件事情的本質是，在複製成功的過程中，有些你看不見的東西不見了。而這種情況發生在各行各業。

我舉兩個例子。

7　編注：川菜、湘菜、粵菜、閩菜、蘇菜、浙菜、徽菜和魯菜。

我有一個學員是開健身房的,他的健身房有熱血的音樂、炫目的燈光、專業的教練、高級的會員服務,非常不錯。但是,在他進行擴張的時候,遇到了同樣的問題——開了幾家分店後,經營效果明顯下降。

　　和他交流之後,我發現他第一家店的成功並不是因為他之前總結的原因,而是因為選址,他的健身房開在了網際網路公司的周邊。在網路公司工作的人,壓力大,工作強度大,「996[8]」甚至「007[9]」是常態。為了保證自己的身體健康和精神狀態良好,他們有大量的健身需求,很多人一下班就會到周邊的健身房健身。

　　他的第一家健身房毫不費力就找到了大量的精準人群和免費流量。音樂、燈光、教練、服務都很重要,但最重要的要素是選址。

　　我的另一個學員是做旅遊地產的,他的公司曾經位列中國旅遊地產公司前十名。他很自豪地告訴我,他家的房子經過嚴格的評估、精心的設計、耐心的開發以及專業團隊的打磨,已經迭代好幾輪了。坦率地說,當我去參觀他的地產專案,看見建案的那一刻,我只有一個念頭:買!

　　但是,當他想要做大做強,多複製幾個這樣的專案時,卻

---

[8] 編注:早上9點上班、晚上9點下班,中午和傍晚休息1小時(或不到),總計工作10小時以上,一周工作6天的工作制度。
[9] 編注:一周24小時都在工作,沒有任何休息的時間。

慘澹收場。而且，由於地產建案需要巨額資金周轉，他向銀行借貸了大量的資金。當房子賣不出去時，他承受了很大的資金壓力，他告訴我：「我每天一睜眼，就欠了銀行300多萬元的利息。」是的，是利息，不是本金。

我也和他深談，結果發現他之前的專案成功的原因是把房子建在了一個成熟生活圈的旁邊。房子的設計和開發可以複製，但是成熟的生活圈卻不能複製。

那些他們「看不見」的要素，在複製的過程中不見了。所以，複製常常以失敗告終。

理解了那些「看不見」的東西，我們回到那位朋友要在全國開餐廳的事情。

為什麼他複製餐廳會失敗呢？那個他「看不見」的、更關鍵的成功要素到底是什麼？

無論是八大菜系，還是獨門祕笈的小龍蝦，本質上都是中餐。做中餐最大的問題是講究手感。比如，做菜時油要八成熱，精鹽少許，煎至金黃色……但是，多熱是八成熱？多少才是少許？什麼樣的顏色才是金黃色？說得清楚嗎？

因為這個原因，菜的水準取決於廚師的經驗和水準，標準化程度不夠高，所以很難複製。

想要複製成功，就是要複製好吃，要做到不論哪家店，菜都是一樣好吃。有一家企業做到了這一點，值得我們學習，那就是海底撈。

有人說，海底撈你學不會，「變態」的服務你學不會，激勵制度你學不會，把員工當成家人的管理你學不會，這些是讓海底撈成功的原因。

是的，這些原因很重要，但是更重要的原因，也是海底撈真正讓你學不會的，是它的標準化。

海底撈做的是火鍋生意，用標準化的底料實現了對味道的品控，又用中央廚房提高營運效率，保證菜品的新鮮。所以，當我們走進任何一家海底撈，味道都是一樣的——好吃。

可複製的品類，可複製的營運，可複製的味道，才是成功複製餐廳的關鍵內核。

而找到看不見的東西，只是我們走向成功、做大做強的重要一步。

那麼，成功究竟有沒有方法論？當然有。萬事萬物，都有其邏輯。就連成功，也應該科學地成功。

很多人以為，做大做強是從0到1，從1到N。其實不是，完整路徑是0→0.1→1→10→1→N→N+1。

當你發現一個未被滿足的需求，找到一個痛點想要去解決，有了一個絕妙的點子和想法想要去實現時，你心裡產生了創新的渴望，於是，你跨出了第一步。這是從0到0.1。

但是，想法不重要，能把想法變成產品才重要。當你做出一個完整的產品時，才是完成了從0到1。

接下來是從1到10，這一步是尋求可複製性。當你做出了

一個產品，成功開出一家店時，可以小步子地嘗試擴張。找到可複製的關鍵內核，也就是我們前面說的找到那些「看不見」的東西，是這一步的關鍵。

然後，你需要從10到1。是的，你沒看錯，不是從10到N，而是從10退回1。為什麼？因為你需要提煉內核。小步子嘗試是為了試錯，試錯是為了迭代，迭代是為了找到真正的成功原因，退回來是為了更進一步。

完成以上幾步後，你才能真正地從1到N。因為做出了產品，有過成功的經歷，嘗試尋找成功內核，也在市場上試錯和經過驗證，終於可以大規模複製。這時，你可以借助團隊槓桿、資本槓桿、產品槓桿實現擴張。

最後，是從N到N+1。這一步是轉型。世界上所有的基業長青，都經歷了一次又一次痛苦的成功轉型。永遠保持危機感，永遠保持創新的意識，才有機會享受更長久的成功。

半秒洞察本質的人，注定擁有不同凡響的一生。如果能洞察本質，就能看見那些「看不見」的東西，找到真正的能力內核，獲得成功。

萬物得其本者生，百事得其道者成。能洞察本質、洞悉規律的人，更能事半功倍，舉重若輕。

Part 2 活力老人

中國將從輕度老齡化進入中度老齡化

在新榜[10]和有道雲筆記[11]共同排名的「收藏價值微信公眾號TOP10」中,「劉潤」公眾號有幸排在總榜第二。所以,「劉潤」公眾號的數據在一定程度上能說明大家在關心什麼。2020年11月~2021年10月這一年,「劉潤」公眾號上閱讀量超過10萬的文章總共有170多篇。我仔細看了這170多篇文章的數據後,發現大家非常關心的很多變化其實都和一個慢變量有關。這個慢變量就是「人口」。

中國人民銀行在一份報告裡提到人口的重要性時說:「如果把價格比作汽車,那人口就是郵輪。」是的,人口這個慢變量就像是郵輪,而且是萬噸郵輪。它體型太大,開得太慢,以至於身處其中的你甚至無法察覺它在移動。當你意識到郵輪在動的時候,它可能已經出發很遠了。

那麼,這艘郵輪正在怎麼動,又出發了多遠呢?

2021年5月,第七次人口普查數據正式公布。人口普查就是對「人口」這艘巨輪做例行體檢。中國第一次人口普查是在1953年,然後逐漸常態化,慢慢變為每10年一次。

普查怎麼查?挨家挨戶上門查。人口普查要動用大約

10　https://www.newrank.cn/
11　https://note.youdao.com/?auto=1

700萬工作人員,在2個月內上門查完,最終將漏登率控制在0.05%。所以,人口普查的數據非常有價值。

如下頁圖2-1所示,我們可以看到這次人口普查得到的一些數據反映出來的人口變化趨勢。

增速放緩:年平均增速從0.57%下降到0.53%。

男女均衡:出生人口性別比從118.1下降到111.3。

家庭縮小:戶均人口從3.10下降到2.62。

流動明顯:人戶分離人口達到4.9億,較2010年增長了88.52%;跨省流動人口約為1.25億。

城鄉轉移:城鎮人口約為9.02億,鄉村人口約為5.10億。

人口集聚:東部人口上升了2.15%,西部人口上升了0.22%,中部人口下降了0.79%,東北人口下降了1.20%。

少子繼續:總和生育率為1.3,育齡婦女的生育意願子女數為1.8。

老齡加深:60歲以上人口約為2.64億,65歲以上人口約為1.91億。

勞力減少:勞動年齡人口(15~64歲)從10.06億下降到9.68億。

素質提升:平均受教育年限從9.08年上升到9.91年。

生產

8 老齡加深
60歲以上：2.64億，65歲以上：1.91億

9 勞力減少
勞動年齡人口（15~64歲）：10.06億→9.68億

10 素質提升
平均受教育年限：9.08年→9.91年

7 少子繼續
總和生育率：1.3
育齡婦女的生育意願子女數：1.8

生活

5 城鄉轉移
城鎮人口：9.02億
鄉村人口：5.10億

6 人口集聚
東部：2.15%↑ 西部：-0.22%↓
中部：-0.79%↓ 東北：-1.20%↓

4 流動明顯
人戶分離人口：4.9億，較2010年增長88.52%
跨省流動人口：1.25億

3 家庭縮小
戶均人口：3.10→2.62

生命

2 男女均衡
出生人口性別比：118.1→111.3

1 增速放緩
年平均增速：0.57%→0.53%

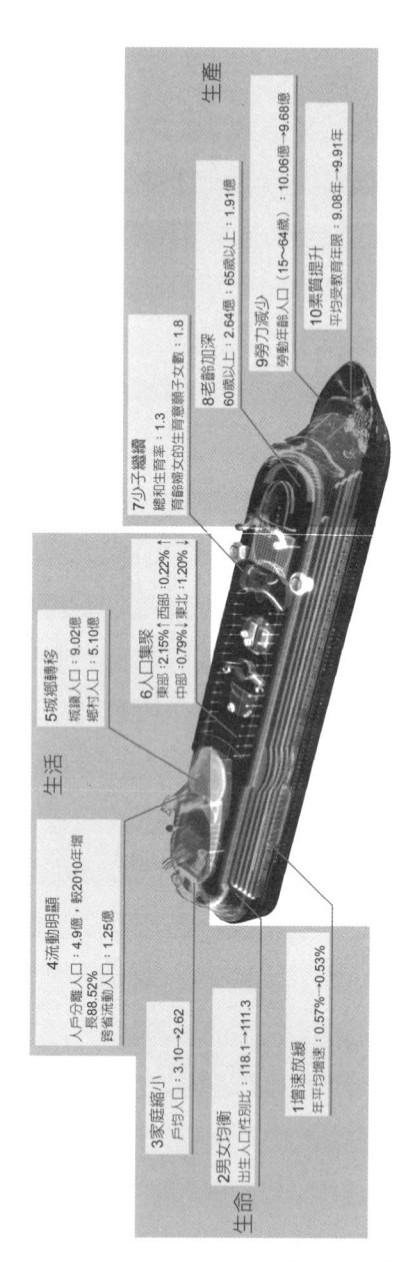

圖2-1　第七次人口普查數據的變化趨勢

進化的力量

但是，我們稍微整理一下就會發現：

「增速放緩」、「男女均衡」、「家庭縮小」這三組數據，是關於人的「生命」狀態的，比如能不能找到另一半，如何組成家庭等。

「流動明顯」、「城鄉轉移」、「人口集聚」這三組數據，是關於「生活」的，比如人們選擇在哪裡生活，靠什麼生活，和誰一起生活等。

「少子繼續」、「老齡加深」、「勞力減少」、「素質提升」這四組數據，是關於「生產」的，比如有多少人需要工作，養活另外多少人，用什麼方式等。

我們著重來看看生產，而和生產最相關的是人口結構。

下頁圖2-2是1950年、2019年和預測的2050年的中國人口結構圖，數據來自聯合國。中國人民銀行的報告裡，對它進行了分析。

人類的生命分為三段，分別是少年、成年、老年，其中，只有成年期能工作，能生產。所以，人類社會幾千年的運行方式都是：成年人工作，養活老年和少年。這就是所謂的「上有老，下有小」。

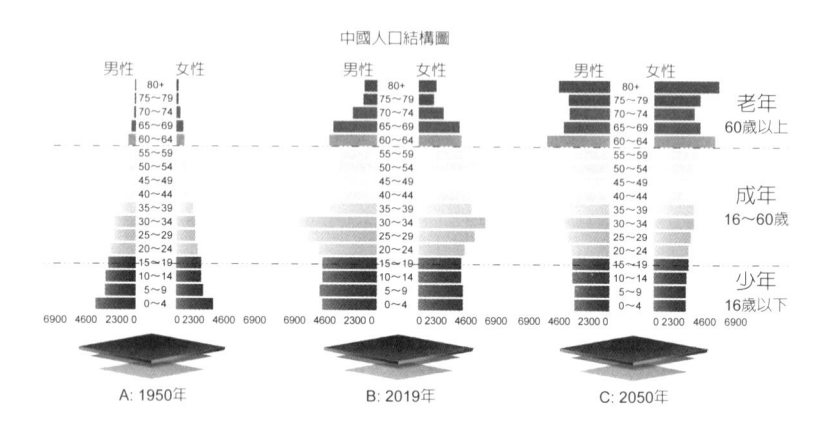

圖2-2　1950年、2019年和預測的2050年的中國人口結構圖

（資料來源：聯合國）

　　所以，從生產的角度來看，這三段人口之間的相對數量關係和絕對數量關係這兩者相比，相對數量關係更重要。這個相對數量關係就是人口結構。

　　1950年，中國的人口結構是金字塔形，老年人占比少。所以，它的淨消耗可由源源不斷的、龐大的中間成年勞動人口的淨產出來支撐，因此，人口不是經濟增長的威脅。但此時，高出生率導致成年人要養的孩子多，這在一定程度上拖累了經濟增長。

　　但是到了2019年，中國的人口結構變成了長方形。隨著老年人的比率越來越高，GDP（國內生產總值）增速持續下降。生育率雖然持續下降，但在這階段表現出來的作用是不用養那

麼多孩子，所以負擔小。而且，20世紀六七十年代出生的大量人口仍處在工作階段。所以，在這種狀態下，我們仍然能夠保持6%左右的GDP增速。

那麼，2050年呢？

如果沒有太大的調整，中國的人口結構將變成倒金字塔形。上面淨消耗的老年人口，加上下面淨消耗的少年人口，可能會接近中間淨產出的成年勞動人口。社會總消耗很大，這將對經濟增長造成嚴重的影響。

所以，你現在應該理解為什麼要多生了。

如果我們把連續若干年每年出生人口超過2000萬叫作「嬰兒潮」的話，1949年後中國有過三次「嬰兒潮」。

第一次「嬰兒潮」是1950~1958年，年均出生人口達到2077萬；第二次「嬰兒潮」是1962~1975年，年均出生人口達到2583萬；第三次「嬰兒潮」是1981~1997年，年均出生人口達到2206萬。其中，第二次「嬰兒潮」是單年出生人口規模最大的一次，有的年份出生人口甚至接近3000萬。

中國現行的退休政策是，藍領女性50歲退休，白領女性55歲退休，大多數男性60歲退休。那麼第二次「嬰兒潮」的起點也就是1962年出生的那些嬰兒，什麼時候全面退休？2022年。

也就是說，從2022年開始，連續14年都會有大量的人口退休，「嬰兒潮」變為「退休潮」。

根據國際公認的標準，65歲及以上人口占比7%~14%為

輕度老齡化，14%~20%為中度老齡化，20%~40%為重度老齡化。其實中國在2000年就已經進入輕度老齡化了。到2022年，中國將進入中度老齡化。

而與退休人口增加相對應的，是勞動人口在大幅減少。

我去廣東一家製造業企業考察的時候，他們跟我說，過去從不缺人，想要招人了，就讓保安在門口貼一張告示，大喊一聲「我們現在缺人了，誰想來」，大門外就會站滿了想要工作的人。為了保證公平，保安又喊一聲「大家都把身分證從大門口扔進來」，於是，上百張身分證嘩啦啦地往裡丟，保安隨機撿三五張身分證，這幾個人就是透過面試的幸運兒。那些運氣不好的，很抱歉，下次再來。現在呢？他們攤攤手告訴我，根本無人可招。

你有沒有注意到，過去這些年，各大城市紛紛放開自己的戶籍政策，變得特別友好。鄭州、寧波、珠海、南京，甚至上海、深圳……每個城市都拚命想讓人才落戶。如果詳細列舉的話，這串名單很長很長，未來還會有更多城市加入這一輪「搶人大戰」。過去是戶籍保護，「不讓你進」；現在是大門敞開，「求著你來」。

有人說這是城市的房地產經濟受到打擊，想為城市注入更多新鮮血液和活力，讓年輕人多買房子。其實，放大來看並非如此，真正的原因是人口遇到很大挑戰，年輕人越來越少。

在眾多城市中，搶人搶得最厲害、最瘋狂、最讓我「瞠目

結舌」的城市當數西安。據報導，2018年西安專門開了一個誓師大會，誓要取得人才爭奪攻堅戰的勝利。西安的工作人員就在火車站辦公，發現你是外地人，立刻會跑上前問：「你想落戶西安嗎？」只要你說一句「我願意」，立刻把你拉到派出所，10分鐘之內幫你辦妥落戶手續。用這樣的辦法，西安曾經一年拉了超過75萬人落戶。

「西安速度」釋放出強烈的信號：勞動人口稀缺的問題正在導致城市之間產生激烈競爭。

經濟發展要靠人創造，沒有人是萬萬不行的。全國各地的「搶人大戰」，讓我們意識到勞動人口的稀缺。

勞動人口供給大大減少，退休人口急劇增加，我們把這兩個變化疊加在一起看，會發現另一個驚人的事實：大約10年後，如果總人口沒有太大變化，那麼中國將從一個9億人工作養活5億人的國家轉變為5億人工作養活9億人的國家。是的，我們的人口撫養比即國家非勞動人口與勞動人口的比例會從5：9變為9：5。

未來可能發生的情況是，一對夫婦可能要養活12個人，不但要養活夫婦自己兩個人，還要養活兩個孩子、雙方的父母，以及在世的爺爺奶奶和外公外婆。

一個國家，5億人可能要養活9億無法工作的人。

一個家庭，2個人可能要養活10個無法工作的人。

今天9億人給5億人發養老金已經很吃力了。比如，據新

京報報導[12]，黑龍江省的養老金帳戶已經「穿底」，虧空高達200億元。那麼，未來5億人給9億人發養老金，你覺得應該怎麼發？

所謂歲月靜好，不過是有人替你負重前行。今天9億人背著5億人，堅持一下，沒問題。明天5億人背著9億人，怎麼背，就需要真正的大智慧了。

12　https://bAIjiahao.bAIdu.com/s?id=1586332200383277494&wfr=spid

「活力老人」計畫

面對深度老齡化問題,我們該怎麼辦?

「進化論是地球上唯一可靠的成功學」,我們來看看地球上那些比我們更早進入老齡化的國家,看看那些國家的「達爾文雀」們進化出了什麼參考答案。

美國是2014年進入老齡化社會的,但在此之前就經歷過人口撫養比超過1:1的階段,一半的勞動人口撫養另一半非勞動人口。美國採取的做法是推行所謂的移民政策,比如開放大學,從全球招生,再如向全世界開放移民。

日本是1995年進入深度老齡化的,距今已經20多年了。日本是怎麼解決老齡化問題的呢?

日本嘗試了幾乎所有你能想到的措施。關於「少子化」,日本嘗試過生孩子就給錢,生孩子就放假,增加保育措施,甚至制訂了海外移民計畫;關於「老齡化」,日本嘗試過延遲領取退休金,提高個人醫療費比,退休再就業等。有些措施是有效的,有些效果則不明顯。而在所有這些措施中,有一項措施的效果越來越突顯,這項措施就是「活力老人」(Power Senior)計畫。

今天中國人的平均壽命大約是77歲。很多科學家、醫學專家告訴我們,由於科技的進步、醫學的進步,這個數字正在以

每年3個月的速度快速提升。最終，中國人的平均壽命可以提升到100歲甚至120歲。如果人們普遍能活120歲，你60歲退什麼休啊？你退休了，那無處安放的活力怎麼辦啊？

60歲依然活力滿滿的老人，是「活力老人」。

去過日本的朋友都知道，日本的出租車行業有兩個特點，第一是「貴」。我第一次去日本的時候，年少無知，從機場叫車去酒店，走到一半的時候我的臉色就白了：叫車費換算成人民幣已經有1000多元了。

日本出租車行業的第二個特點是「老」。我第一次遇到的司機是位白髮蒼蒼但動作矯健的老奶奶，她要幫我拿行李，我嚇得趕緊說：「我自己來，我自己來。」

日本的出租車司機都很老，有多「老」呢？據2020年日本總務省統計，日本汽車修理工的平均年齡是36.8歲，工程師的平均年齡是38.5歲，而出租車司機的平均年齡高達59.4歲，接近60歲。

為什麼？這就是「活力老人」計畫的結果。把開出租車這些相對柔和的工作留給這些「活力老人」，然後把稀缺的年輕人釋放出來，讓他們去做更需要創造力，更需要旺盛精力的工作。

2021年4月，日本正式實施《老年人就業穩定法》，明確企業主有義務確保員工可以工作到70歲。你願不願意繼續工作，是你的自由。但是如果你想繼續工作，企業有義務幫助

你。所以，「35歲勸退」這樣的事情在日本是違法的。

現在，日本依然在工作的活力老人越來越多。根據日本內閣府發布的2021年版《老齡社會白皮書》，2020年，日本60~65歲的老人有71%在工作，65~70歲的老人大約有一半（49.6%）在工作。

這對我們的啟發是，不管願不願意，有些老年人可以做的工作、柔和的工作可能都會慢慢從年輕人手中移走。

為什麼？因為年輕人一定會越來越貴。為了迎接即將到來的「退休潮」，我們要儘早學會如何用好「活力老人」。

比如，專車司機這樣的工作可以讓老年人來做。如果年輕人開車，他就不能去修車，不能去造車，不能去設計車。為什麼叫車的費用越來越貴，但專車公司還說自己不賺錢？因為用的是年輕人。也許，專車公司賺錢的希望就在這些活力老人身上了。

客服中心可以多聘用老年人。水電公司、電信公司還有各大品牌都有很大的客服中心，動輒幾千人，甚至上萬人。現在這些客服中心裡有很多年輕人，他們接受培訓，然後就職，再到被氣哭，最後離職，這導致很多客服中心投訴率和離職率雙高。怎麼辦？用活力老人。

孔子說，「三十而立，四十而不惑，五十而知天命，六十而耳順」。經歷了60年風雨，還有什麼可生氣的？早就耳順了——「孩子，別著急，慢慢說。我有的是時間。」我想，投

訴率、離職率都會下降。

　　銀行櫃員也可以讓老人來做。以前我看過一個勞動技能比賽類的電視節目，一個年輕的女孩子展示了一項絕技──數錢，她的技能令人嘆為觀止。最後，她獲得了冠軍，接受採訪時她說：「我要把這項絕技傳下去。」

　　我的錢包裡有500元現金，已經放了三四年沒動過了。現金用得少了，數錢這項技能再炫目，也已經不重要了。把做櫃員這件事交給活力老人吧，慢一點沒事，正好可以讓老人們活動一下筋骨，延年益壽。

　　還有空服人員也可以由老人來做。我在微軟工作的十幾年裡，頻繁地飛美國。微軟總部在西雅圖，所以我坐得比較多的是美國西北航空的航班，後來叫達美航空。中國的飛機上都是年輕漂亮的空姐，但是美國的飛機上卻大多是空奶奶、空爺爺。為什麼？因為越來越貴的年輕人不斷流向利潤更高的行業。所以，中國的航空公司也許可以開始一項「退休空姐返聘計畫」，這可以同時提升服務水準和利潤。

　　研究完這部分，我非常興奮。不管你怎麼樣，反正我的退休生活，我想好要怎麼過了，我要發揮餘熱，把年輕人從這些工作裡釋放出去。

這將是一個科學家創業的時代

逐漸釋放出來的年輕人該去做什麼呢？好好發揮良好教育帶來的素質優勢，提高生產率。

什麼是生產率？

我們先來看一個公式：總財富＝勞動力×生產率。

一個社會所能創造的總財富等於勞動力總量乘以每人所創造的財富。其中，「每人所創造的財富」就是生產率。

如果有8個人，每人每天能做9個饅頭，那麼，一天總共能做72個饅頭。「8個人」就是勞動力，「每人每天做9個饅頭」就是生產率。

勞動力和生產率，哪個更重要？我們還是用數據說話。

麥肯錫（McKinsey & Company）2015年發布的一份報告顯示，從2015年往前50年，全球經濟的增長來自勞動力和生產率的雙增長。這在整個人類歷史上都是罕見的。全球勞動力每年增長1.7%，生產率每年增長1.8%。你不要小看這1.8%，這個數據相當於如果50年前一個人每天可以做10個饅頭的話，現在可以做24個饅頭了。

但是，從2015年開始往後50年，麥肯錫預測，勞動力增長會放緩到每年0.3%。所以，如果想保持總財富增長的速度和以前一樣，生產率必須提升到多少？

我幫你算好了。3.2%。

生產率從年增長1.8%到年增長3.2%，這是非常不容易的。但勞動力增速下降已經成為一個必然的趨勢，必須提高生產率。可是，生產率有提高的潛力嗎？

來看安永諮詢（Ernst & Young）在2010年發布的世界主要國家的勞動生產率數據。從下頁圖2-3中可以看出，2010年，美國和日本的勞動生產率大約為7萬多美元／人，但是中國的勞動生產率卻是4000美元／人，只有美國的約5%。這一定會令很多人感到沮喪，但換個角度來看，這個數據也令人振奮，因為這說明中國的勞動生產率有很大的提升空間，這意味著，可以透過提高勞動生產率的方式來對衝中國的老齡化。

怎麼才能提高勞動生產率？幾乎只能依靠一個東西：科技。

所以，這將是一個科學家創業的時代。

就像科技投資人王煜全老師所說：「最好的企業家拿到最先進的科技專利，找到最具行業洞察力和執行力的人一起合作，找到最好的協作企業共同開發。在這個領域，將會誕生下一個時代BAT[13]。」

我有個朋友叫郝景芳，她是一位科幻作家。有一次，我們一起參加一個活動，我問她最近在忙什麼，她說她最近在訪談

13　百度、阿里巴巴、騰訊三大中國互聯網公司首字母的縮寫。

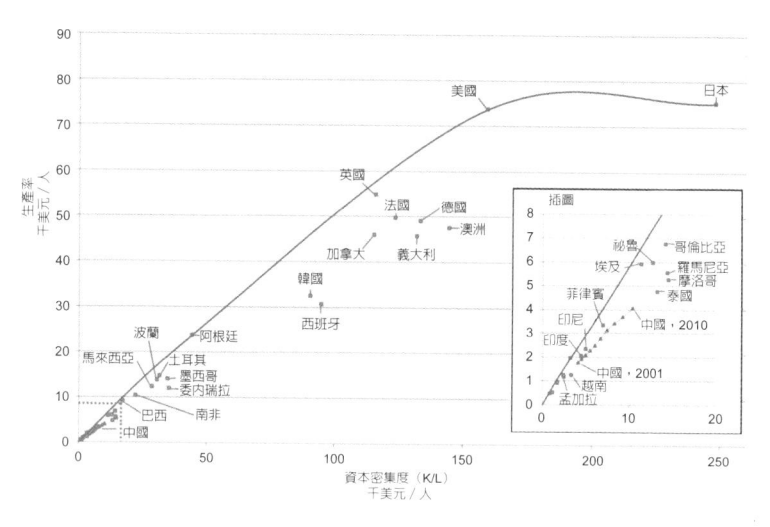

圖2-3 2010年世界主要國家的勞動生產率

(資料來源：安永，世界銀行)

很多年輕的中國科學家，他們都在做一些真正有價值的事情。

比如中科院類腦智慧研究中心副主任曾毅，他研究的不是人工智慧，而是「類腦智慧」。人工智慧雖然下圍棋很厲害，但是在絕大多數地方智商可能還不如一個3歲的孩子。我們能不能模仿人腦，去構建「類腦智慧」呢？今天，曾毅教授已經可以做到讓機器人站在鏡子面前，然後用雷射筆打在機器人的臉上，機器人知道是打在了「我」的臉上，而不是其他長得一樣的機器人的臉上。這個對「我」的認識，是絕大多數動物都做不到的。

比如清華大學物理系博士陳曉蘇，他研究的方向是腦機接口。如何能在不侵入大腦的情況下讀取你的腦電波？這項技術，他們的設備和算法現在全球領先。但是，讀腦電波有什麼用呢？可以治病。癲癇和帕金森病是兩種典型的神經系統疾病，患者需要長期吃藥，但是藥又有副作用，如果能把腦電設備做得便攜，就能減輕全球6000萬患者的痛苦。

比如清華大學機械工程系教授季林紅，他研究的方向是機械骨骼。什麼是機械骨骼？就是在人體外建一套比人類骨骼更強，還受人的意識控制的力量系統，下骨骼負責跑跳，上骨骼負責抓取。這有什麼用呢？我們都說快遞和外賣小哥不容易，搬著一箱水送上7樓很累。那怎麼辦？外骨骼系統就可以幫助他們。

看到這些科學家的研究，我突然覺得很溫暖。科學家是中國的脊梁。類腦智慧、腦機接口、機械骨骼，難嗎？當然很難，甚至不可思議。但是，所有理所當然的現在，都是曾經不可思議的未來；所有現在不可思議的未來，可能都是明天理所當然的現在。

感謝郝景芳記錄著他們的故事，而他們的故事應該成為這個時代傳誦的故事。

第三次人口紅利，是高素質人口紅利

人口問題決定著過去的發展，左右著未來的進程。

中國改革開放40多年的突圍騰飛，很大程度上是享受了人口紅利。而現在，隨著中國進入老齡化社會，紅利逐漸消失，拐點（Inflection point）越來越近。

是的，會面對挑戰，也會經歷陣痛，但有人說中國未來的人口問題是一場前所未有的危機，我卻不贊同。

說這話的人看到的是「危」，卻沒有看到「機」。在我看來，中國至少有三次人口紅利，第一次即將結束，第二次正在經歷，第三次徐徐展開。這是屬於中國獨有的「歷史機遇」。每次紅利裡都蘊藏巨大的商業機會，我們要對未來充滿信心。

第一次人口紅利，我稱之為「供給方人口紅利」，也是大眾、媒體、專家最常討論的內容。

中國最大的一批人口大約是1962~1975年出生的。在這一波生育高峰裡，中國一共出生了多少人口呢？約3.7億，占今天中國總人口的26%左右。到了20世紀八九十年代，改革開放的春風吹遍大地，這批人正年富力強，成為建設的排頭兵。這一代人大多數穿梭在車間和廠房，他們勤奮努力，忍受著還不成熟的、艱苦的工作條件和環境，用自己的雙手改變著命運。

彼時的中國，「用市場換技術」，依靠著供給充沛且價格

低廉的勞動力形成很大的比較優勢，在全球化發展中搶到位置，成爲「世界工廠」。

這個時代湧現出了以聯想、海爾爲代表的一批優秀企業。他們用一錘子、一榔頭的努力和毅力爲自己的未來添磚加瓦，用一代人的青春爲中國經濟的騰飛打下堅實基礎。

這群人創造了怎樣的輝煌？改革開放40多年，中國GDP年均增長率9.5%，其中相當長一段時間，GDP年均增長率超過10%。

第二次人口紅利，我稱之爲「消費方人口紅利」，這是被部分人忽略的內容。

伴隨著醫療技術、衛生健康等方面水準的提高，即使實行計畫生育政策，中國的出生率也高於死亡率，人口一直在不斷增加。時至今日，總人口已經超過了14億。而那些當年奉獻青春的人們慢慢長大，從生產第一線成長爲中層管理者甚至站到了更高的位置，有一定社會地位和積累，開始享受生活。正是這些被吐槽、被嘲諷的中年人，成爲中國最龐大的消費群體。他們的角色發生了轉變，但依然做著獨特的貢獻。

以這些人爲代表的14億多人，在消費方貢獻了很大的能量。一個重要表現是：中國正在超越美國，成爲全球最大的消費國。

2018年，中國消費品零售總額是38.1萬億元人民幣，同比增長9%，相當於5.76萬億美元。而美國同期的消費品零售總

額是6.04萬億美元，非常接近。而2019年上半年，中國的消費品零售總額已經超過美國，成為「全球第一」。這反映和驗證的是，中國有很大的消費市場和消費能力，更重要的是，潛力還未被完全挖掘出來。

如果說第二次人口紅利分為兩個階段，那麼前半段也許是「粗放型消費」，就是人多、「買買買」，後半段則是「精細型消費」，從追求功能到追求體驗和個性，這是品質企業的福音。我們會有新流量、新通路、新產品、新品牌，這些都會帶來新機會。

14億多人還有什麼絕對不能被忽略的能量？

另一個重要表現是：20世紀90年代初至21世紀初網際網路崛起。

網際網路的發展嚴重依賴以人口規模為基礎的「網路效應」。越有價值，用的人越多；用的人越多，越有價值。

進入21世紀，網際網路大潮成為時代主流，但是真正放眼世界，似乎只有中美兩國在真正意義上抓住了最大的網際網路發展機遇。

為什麼？

美國有大約3.3億人口，這是他們發展網際網路的用戶基數，接著依靠網際網路的連接和效率，打破國與國的界限和藩籬，最終可以服務整個「英語世界」。像Meta、Google等公司的產品，在全世界擁有數十億的用戶。

而中國依靠14億多人口，也形成了很大的網絡效應，在網際網路和行動通信時代搶到一張船票，航行遠方。

那其他國家怎麼辦？靠自己。只能看自己有多少人口了。比如日本，只有1.2億人口；比如德國，只有8000萬人口⋯⋯它們的網際網路就相對很不發達。

而在中國，微信的月活躍用戶早已超過12億。12億，比美國、日本、德國的人口總和還要多一倍。

消費方的人口紅利，讓那些心懷夢想的年輕人從默默無聞變得家喻戶曉，馬雲和馬化騰是這個時代的代表。阿里巴巴、騰訊，在今天全球市值最高的10家公司中占據兩席。

前面提到的，是兩次人口紅利分別帶給我們的機遇。有的人抓住了，有的人錯過了，那麼，未來呢？

有人說，現在人口問題已經足夠令人擔憂了，哪裡還有機遇？其實，當我們對上一代人致敬和感嘆時，難免悲傷甚至悲觀，但是當我們把目光投向下一代時，會驚喜地發現，現在的年輕人值得期待，會讓我們對未來充滿信心。

因為我們依然有人口紅利，第三次人口紅利——高素質人口紅利，我們依然有機會抓住新的歷史機遇。

我們來看一組數據：2019年，我國普通高校畢業生人數大約為834萬。倒推一下，按照22歲大學畢業算，那麼他們大約在1997年出生。1997年中國新出生了多少人口？大約1445萬。834/1445≈57.72%。這也意味著，這一代年輕人有一半以上都

讀過大學。

從宏觀層面看，我們培養了一大批接受過高等教育的人才，和新中國成立之初人們識字率很低的情況相比，現在的基礎知識結構有了很大提升，國民素質也越來越高。

而中國目前一共有多少受過高等教育的人？大約1億人。

1億人，是什麼概念？前面提到，日本人口總共1.2億，德國人口總共8000萬。它們幾乎傾舉國之力，也才相當於接受過高等教育的人口。而隨著中國大學繼續擴招，這個數字還會繼續增加，預計在2030年，中國接受高等教育的人口將超過2.5億。

未來中國的競爭力，不再局限於低成本製造業，而是在真正的技術創新領域。

這個時代的典型代表企業是華爲，而下一個華爲，又會是誰？

我其實特別高興，看見今天中國有很多企業試圖抓住高素質人口紅利，準備突圍。曠視、依圖、商湯、碼隆、中科慧眼、飛步、Momenta、深鑒……這些企業的創始人都非常年輕，這些企業本身也青春洋溢。而還有一大批年輕人，正在以自己的方式做出貢獻，享受時代的紅利。

有個小姑娘叫金燁，是一個「廠二代」。她家在南通經營一家工廠，主要業務是服裝代工，給lululemon、SKLZ、TRX這些品牌代工。她學的是設計，大學就讀於上海交大，後來到

美國奧蒂斯藝術與設計學院讀碩士。她本來有自己的人生規劃，但是她母親給她打了一個電話，說這個世界變化太快了，讓她回來幫忙。於是，90後的金燁毫不猶豫地飛回了南通，幫助母親打理工廠。

接手工廠後，金燁這只「達爾文雀」立刻對家族工廠進行了革新。代工廠的核心是高品質、低成本，但中國人工成本的優勢已經逐漸喪失，在不降低品質的情況下，如何才能保持低成本？金燁一直在思考。

金燁家工廠裡有45台注塑機（Injection molding machine），這45台注塑機滿負荷運轉時，需要45個工人，這45人的成本逐年增高，導致工廠的競爭力下降。怎麼辦？她開始實施「機器助人」的改造。經過三輪改造後，工廠的生產線上只需要10~15個工人了。現在，金燁正在進行第四輪改造，改造完生產線上將只需要3~5個工人，接近全自動化。但是有些工作是無法做到全自動化的，比如縫紉，於是金燁就對其進行半自動化改造。對那些完全不能自動化的工作，金燁採取的方法是到柬埔寨開分廠。

就這樣，金燁牢牢守住了自己的利潤。

機器不可能完全取代人，但機器可以助人。當高素質的年輕人走上重要崗位，再加上機器人的幫助，我們就有機會大幅度提升製造業的生產率。

像金燁這樣的年輕人，正是第三次人口紅利的新機遇、新

希望。

所以,我們逐漸從供給方人口紅利,到消費方人口紅利,再到高素質人口紅利,誰看得見,誰能抓住,誰用得好,誰就有機會。

改革開放40多年,是窪地經濟。紅利成海,「下海」就能賺錢。

萬物互聯20多年,是平地經濟。萬物結網,「連接」成就樞紐。

未來科技10年,是高地經濟。科技登高,「爬坡」才能制勝。

要關心年輕的勞動力,也要關心老去的老年人

企業在尋找尚未出生的顧客,社會在尋找尚未出生的人才,國家在尋找尚未出生的公民,年輕的人口的確重要。但那些逐漸老去的人們,同樣重要。

我們不僅要關心年輕的勞動力,也要關心老去的老年人。

站在這些老年人的角度看,他們想要什麼?我們的父母想要什麼?甚至大部分70後、80後的人們想要什麼?

對老年人來說,他們想要的是不孤獨、不生病、不掉隊。

想要滿足這三點,卻需要多方的努力。

養老金、社會福利等問題,是國家的事情。專家們在提建議,政府也在想辦法。比如,2021年,工信部(中國工業和信息化部)已經啟動「網際網路應用適老化及無障礙改造專項行動」,首批指導包括微信、支付寶在內的158家老年人常用的網站和App進行改造。以前,這些App你會用但老年人不會用,適老化改造就是讓老年人也會用這些年輕人早就會用的App。除此之外,工信部還將加強專項整治,會同相關部門儘快出《移動網際網路應用程序個人資訊保護管理暫行規定》,加強技術手段建設,幫助老年人更快捷、更安全地享受智慧服務。

這是政府的努力,而我們更需要關注的,是更靠近老年人

的個人、社區、商業可以做點什麼。

1.個人應該做什麼

在日本，不同養老方式的比例大致是「9631」──96%的老人選擇居家養老，3%的老人選擇社區養老，1%的老人選擇在養老院養老。

未來的中國可能也會是這個比例，而中國的家庭結構又大部分是「421」──一對夫妻，養4個老人和1個孩子。說實話，壓力不小。所以很多人非常拚命，加班、熬夜，寫報告、做方案、談客戶，吵架、扯皮（無理取鬧），直到用簽字筆在合約上簽下名字，一筆單子終於談成了，才稍稍緩口氣，因為能給家人稍微安穩點的生活了。

確實需要一定的物質基礎，才更能保證老人的身體健康。這很好，拚命努力，拚命存錢，是我們的責任。

但也許我們還能做得更好。因為大部分待在家裡的老人看不見你簽單後的慶祝，也聽不見你勝利後的歡呼，他們想聽見誰的聲音，也許只能打開那台破舊的收音機；想看見誰的樣子，也許只能翻看泛黃的老照片。

身體健康，心理孤獨，可能是老人們更大的問題。

有一句話，我看完後特別有觸動。老人們的孤獨是一種什麼樣的感覺？「孤獨，像關節炎一樣疼痛。」如果可以的話，你可以捐獻一點自己的時間嗎？一個月有30天，也許有4天讓

他們享受天倫之樂就足夠了。

2.社區應該做什麼

有一個故事,我一定要和你分享。這個故事來自浙江嘉興圖書館。

嘉興是一座有百萬人口的城市,嘉興圖書館是一家地級市圖書館,但它們的做法卻真實、珍貴。

嘉興圖書館有一個課程是專門教老年人使用智慧手機的。如果一個老年人會用智慧手機,那麼他就能網購、叫車、看新聞、看電影、和別人視訊聊天⋯⋯就能更好地融入社會。除此之外,嘉興圖書館還教這些老年人如何製作電子相簿,比如,如何拍照,如何添加文字,如何添加喜歡的音樂,如何進行簡單的剪輯⋯⋯學會了這些,他們就能記錄和分享自己的生活。這是老年人新的生活方式,也是他們融入社會的方式。

老年人總是擔心自己遲鈍和笨拙,害怕自己被邊緣化和成為被拋棄的那一代人。他們有時候距離這個世界過於遙遠了。而失去對時代的感知,也就失去了對未來的參與感。所以,別讓文化認知上的代溝成為老年人的一道無法跨越的天塹。

浙江嘉興圖書館在2019年差不多舉辦了160場講座,吸引了上萬人次年齡從60歲到89歲不等的老人參與,幫助這些老人們參與到這個真實的世界中。

在這裡,館員們不會覺得「煩」,老人們也不會覺得自己

「笨」。這並不難，花點時間，有點耐心，也許都能做得好。

3.商業應該做什麼

不孤獨、不生病、不掉隊，對應的解決方法是陪伴、健康和自我實現。但是，這不僅僅需要個人和社區的努力，更需要專業的商業力量。

很多人一提起「銀髮經濟」，就會立刻想到養老地產，蓋房子、建養老院。這當然沒錯，不過可能想得太粗糙了。

老年人的需求，是分層的。

比如50~70歲，他們需要的可能不是養老院，而是保持健康和活力。

有一組數據：銀髮人群平均一年要買4次運動裝備；京滬阿姨們每年平均要出遊3次；在很多城市，老年大學的報名人數是招生人數的4倍；老年人的教育機構有近10萬所……這些老人們會到處旅行，會再上一次大學，會再創一次業，甚至會再結一次婚。

而70~80歲的老年人，他們的身體慢慢老化，會出現各種各樣的小毛病。他們的核心需求，可能是有專業的可穿戴設備和必要的輕度照護。

到了80~90歲，他們可能身體一天不如一天，經常生病，也許還要去醫院進行手術。這個時候他們需要的是專業的醫療機構。

而等到90歲以上，他們可能迎來了自己的「百歲人生」。無論最終是病故，還是自然老死，他們需要的是跨越一個世紀的臨終關懷、一個慰藉，是有人告訴他們如何優雅地別離。

隨著老齡化逐漸到來和加深，社會的需求在變化，機會也在變化。

未來這是多大的需求和機會？數十萬億的市場。所以，需要更專業的商業力量加入。

以剛剛提到的養老地產為例，我們需要思考和改進的還有很多。

比如，社區的電梯可以推進能讓老人平躺的推床嗎？

比如，洗手間給老人的扶手是根據人體高度和最省力的發力方式設計的嗎？

比如，浴室裡的地板、洗手台的尖端，對老人足夠安全嗎？

比如，廚房的檯面足夠低嗎？坐在輪椅上的老人也能輕鬆料理嗎？

……

這些問題都需要商業的力量幫助解決。

還有適老化改造，從企業角度能否做出一些貢獻？能。

適老化不等於字大，「老人」其實是一個複雜的概念，「老」是一個聽覺、視覺、觸覺、表達能力、理解能力等各種能力逐漸弱化的過程。如果你有過教父母用手機但怎麼都教不

會的體驗，你就能更深刻地體會到「老」是一個什麼樣的概念。其實，你的父母之所以學不會，並不是因為手機的字體不夠大，而是因為手機上的App沒有從設計邏輯上「適老化」。比如有些老人的口音很重，說不好甚至不會說普通話，所以，Siri、小愛同學這類人工智慧語音交互引擎根本聽不懂他們的話。再如，有些老人不理解什麼叫「返回」，不明白手機裡的「home」鍵在哪裡。這些問題透過「字大」是無法解決的。這同樣需要商業的力量。

從某種角度來說，這也是創業者的機會，「適老化」可能會進化出一些完全不一樣的「達爾文雀」。我母親曾經發給我一段影片，影片的背景音樂是費翔的〈冬天裡的一把火〉，我的照片在花團錦簇中旋轉著。我當時就被眼前的景象震驚了。後來我才知道，這是她用一個叫作「旋轉相冊」的App做出來的。很多年輕人可能都沒有聽說過這個App，但它在老年人中非常流行。這就是你沒見過但真正適合這個時代的「新物種」。

有人說，人類面臨的三大難題分別是戰爭、饑荒和瘟疫，現在我們又面臨第四個難題——老齡化。老齡化會對社會產生巨大的影響，教育、醫療、餐飲、房地產等各行各業都會發生深刻的改變。為了更好地照顧和幫助這些老年人，所有事情都值得重做一遍。重做的速度也許要更快，因為變老的速度會比我們想像的更快。

我們總以為人是慢慢變老的，其實不是，人是一瞬間變老的。社會也有可能是一瞬間變老的。因為變老的速度實在是太快了。看看我們的父母，或者我們自己，也許你會有這樣的感覺。

政府的事情，我們交還給政府。

商業的事情，我們交付給商業。

社區的事情，我們交回給社區。

個人的事情，我們需要好好交給自己。

除了關心未來的孩子，也要關心衰老的父母，也許還有我們自己。

Part 3
數字石油

數據是數字世界的新能源

我們講要提高生產率,有一件事情幾乎可以提高所有企業的生產率,改變所有企業的行為,那就是數字化。

很多人都在說數字化。到底什麼是數字化?我們為什麼要數字化?

我先講個故事。

亞尼夫・薩里格(Yaniv Sarig)是莫霍克公司(Mohawk,現更名為Aterian)的創始人,被譽為民生消費品行業的顛覆者。什麼是民生消費品?牙膏、肥皂、洗髮精都是民生消費品,用完再買,而每次購買都是一次新的決策。為了不讓消費者在下一次決策時移情別戀,民生消費品公司拚命打廣告,占領你的心智。但這些都是成本,最終都折進了價格。薩里格說,一定要先做個產品,然後用巨額的廣告費來進行宣傳,讓消費者喜歡這個產品嗎?能不能反過來,先找到消費者喜歡的產品,然後再做這個產品呢?

可是,怎麼找?一個個問嗎?不用。消費者不用開口,數據會告訴你。

薩里格雇用了50個工程師,抓取亞馬遜上的銷售數據,然後對這些數據進行分析。他發現,在亞馬遜上搜「牙齒增白」會出來 7000個產品,這些產品的年銷售收入加在一起大約是

1.6億美元。搜「木炭牙齒增白」，出來的產品加在一起年銷售收入大約是2200萬美元。銷售收入都很穩定。但是，搜「牙齒美白筆」，搜出來的產品每年雖然只有1000萬美元的銷售額，但和幾個月前相比，這個數據呈現出明顯的上升趨勢。這說明，消費者在向你大叫：「我想買牙齒美白筆！」

銷售數據能告訴你「我想買什麼」，而評論數據能告訴你「是什麼在阻止我付錢」。

有一次，薩里格監測到，某品牌的製冰機銷量很好，但評論很差。在商品評價頁面上，到處都充斥著負面評價——「幾個月後，便時不時地不能用了」、「有時顯示冰滿了的燈會亮起，但是並沒有滿」、「用了一年半就壞了」。

消費者很想買一款產品，但因品質問題卻在阻止他們付錢，這裡面就蘊藏著機會。

薩里格團隊馬上開始研究，結果發現，這些問題都是由抽水泵導致的。於是，他找到了製造商，立刻解決問題，並迅速在亞馬遜上推出了自己的製冰機。很快，這款製冰機的銷量就佔據了亞馬遜總銷量的1/4，並最終佔據了搜尋結果排名第一的位置。

為什麼薩里格能成功？

因為他從消費者在亞馬遜的購物行為裡「開採」出了銷售數據和評論數據。然後，再從這些數據裡「煉化」出了「消費者喜歡什麼產品」這個知識。最後，用這個知識賺到了錢。

這個過程是不是很像石油的開發過程？我們從地下「開採」出石油，再從這些石油裡「煉化」出汽油，最後，用汽油驅動人類經濟的發展。

在物理世界，長達數十億年的地質運動把史前滅絕的生物埋入地下，使其形成石油，儲量巨大。今天，石油是人類最重要的能量來源。

而在虛擬世界，人類每天會發出5億條推特、2940億封郵件，在Facebook上新創建4PB數據，在WhatsApp上發送650億條資訊，在搜尋引擎上進行50億次搜尋……到2025年，全球每天將產生175ZB的數據，儲量也特別巨大。

175ZB有多少？

1024KB等於1MB，1024MB等於1GB，1024GB等於1TB，1024TB等於1PB，1024PB等於1EB，1024EB等於1ZB，1024ZB等於1YB。而175ZB，假設以網速25MB/s計算，把這一天產生的數據都下載下來，大約需要2.5億年。

這些海量的數據裡蘊藏著消費者的需求、痛點、偏好、習慣。它們就像石油一樣等待著被開採，它們是提高生產率的新能源。

石油是物理世界的能源，數據是數字世界的新能源。

利用數據這種新能源贏得商機的故事有很多，我想和你分享三個非常有趣的小故事。

第一個故事的主人公叫蕭磊，他原來是一名特種兵，後來

做起了跨境電商，而且做得不錯。蕭磊就是從數據裡看到了同行沒看到的需求，並快速做出反應，匹配相應的產品。比如，2020年6月，因爲一次偶然的機會，蕭磊發現了天貓3C影音類目下麥克風的機會。

當蕭磊看到當時3C影音類目下「麥克風」關鍵詞在商品分析搜尋數據中排第二時，這個數據馬上引起了他的注意。他查看了一下歷史數據，發現2019年6月麥克風的交易金額是2.5億元，到2020年3月突然增加到3.9億元，2020年6月是3.3億元。蕭磊從這些數據中發現了一個非常重要的資訊：用戶對這款產品有需求，但是供給可能不足。他又把這種需求進行細分，發現大家對麥克風的需求其實有兩種：一種是K歌需求，另一種是直播需求。然後，他迅速聯繫工廠生產這兩款產品。

第二個故事來自「5分鐘商學院」的學員。這位學員經常去社區附近的一家小飯店吃飯，但是有一天，他發現這家飯店不對外營業了。他很納悶，就問老闆：「你們爲什麼不對外營業了啊？」

老闆說，小飯店被某個餐飲平臺收購了。

這位同學又問老闆：「爲什麼呢，你們現在賺得比以前多了嗎？」

老闆一聽來了興致，對這位同學說：「這個平臺確實厲害。比如，它推薦我們附近最受歡迎的20個菜品，我就集中精力做好這20個菜品，果然外賣銷量提升了40%。因爲只做外

賣，沒有了餐廳，省了房租和不少薪水。網上訂單量比較固定，就可以按量準備材料，因此損耗少了，又節約了成本。」總結來說，就是透過數字賦能，降低了成本，提高了銷量，增加了利潤。

平臺在海量的「購買資訊」和「評價資訊」裡粗煉出了「20個最受歡迎的菜品」這個資訊，飯店老闆只要做好這20個菜品，就不愁沒有訂單。

第三個故事來自杭州的一家社區小店。這是一家開了很多年的社區小店，2018年這家小店被改造成了「天貓小店」。改完之後，發生了什麼變化呢？

天貓小店針對這家小店，推出了兩項優化：

第一，推出一站式進貨平臺「零售通」。也就是說，這家店的經營者可以在阿里巴巴的「零售通」上訂貨，然後由天貓統一配送。天貓用自己的信用和溢價能力，武裝了這些小店，解決了它們的進貨價格和品質問題。

第二，借助「數據」幫助小店選品上架。比如，在這個社區裡，有很多居民養狗，但小店沒賣過狗糧，所以不知道這件事。但是，改成「天貓小店」的社區小店卻擁有了一個優勢：由於這家社區小店附近養狗的居民多半在天貓上買過狗糧，所以，天貓就能從「買狗糧的人」這個數據中開採出這家小店周圍居民買狗糧的資訊，然後告訴這個社區的天貓小店「你們應該多進點狗糧」，甚至還能具體到附近居民喜歡的品牌、規格

等。小店根據平臺的建議進貨,果然賣得不錯。產品好賣,庫存周期就會縮短,資金使用效率就會提高。這樣,這家小店的交易結構就被優化了。

這就是數字化的厲害之處,當你從數據裡開採出「附近居民都有購買狗糧的需求,但附近商鋪沒有狗糧」這個資訊的時候,就相當於聽到了消費者在對著你大叫「我想買狗糧,趕緊去進貨吧」。

你在感知這個世界時，這個世界也在感知你

數字化就是挖掘數字石油的過程，即從物理世界中開採出數據，粗煉為資訊，精煉為知識，聚合為智慧，最終提高生產率。

數字化有四個關鍵步驟：開採、粗煉、精煉、聚合。這四個步驟對應著數字化的四個產物：數據、資訊、知識、智慧（見圖3-1）。

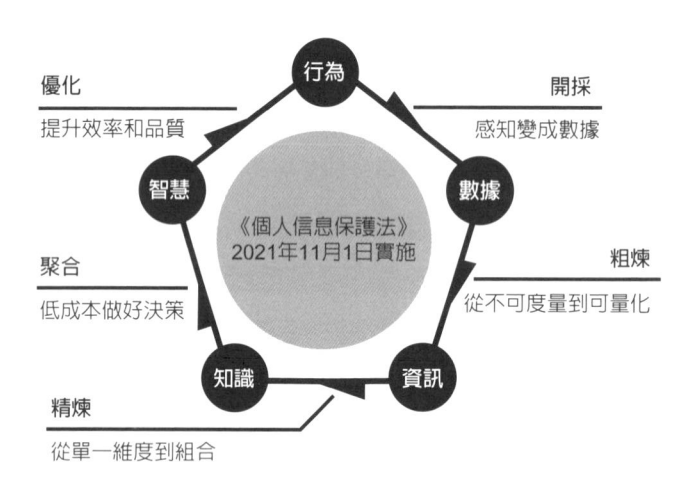

圖3-1　數字化的四個關鍵步驟及產物

第一步是透過感知來開採數據，把物理世界抽象為虛擬世

界的數據。透過這一步驟，我們對物理世界的感知會變成一段文字、一張照片、一段語音、一段影片。

數據本身沒有價值，去掉照片裡的無用資訊，識別出來「這是一個人，那是一個**體重計**」，這才有價值。這就是從數據裡「粗煉」出更有價值的資訊。

但無論是體重的資訊、體脂的資訊，還是血壓的資訊、身高的資訊，單獨來看，每項資訊的價值都不大。把這些資訊放在一起，才能判斷這個人是不是得了高血壓。這就是從資訊裡「精煉」出知識。

知道得了高血壓，怎麼辦？

用人工智慧算法分析全球的診斷數據，為他推薦對他來說最好的治療方案。這就是智慧。

衡量一個人或一個企業數字化水準的高低，就是看他或它從數字石油中開採的是數據、資訊、知識還是智慧。

這個世界上，最會開採數字石油的可能要算蘋果公司了，至少是其中之一。

毫無疑問，iPhone是電子產品史上最成功的產品之一。真正讓iPhone成功的，也許並不是顏值、性能甚至功能這些能讓你感覺到iPhone存在的東西，而是讓iPhone能感知到你存在的東西，這個東西就是感測器（Sensor）。

iPhone 一代劃時代地使用了多點觸控螢幕。這樣，它就能感知到你在碰它，碰哪裡，想幹嘛。近距離感測器能感知到你

的臉離它是近是遠，從而決定是否鎖屏。光度感測器能感知到你是在白天還是晚上用它，從而自動調節螢幕的亮度。加速度感測器能感知到你是不是在翻轉手機，當你把手機橫過來時，它會貼心地橫屏顯示。濕度感測器能感知到你的世界是不是在下雨。當然，還有最重要的麥克風和鏡頭，它能「聽見」和「看見」你的世界。

這才是iPhone成功的地方。透過這些感測器，iPhone把感知到的你的世界進行了數字化。然後，它才會因為懂你而好用。

iPhone一代大獲成功後就一發不可收拾了。之後的每一代，都加入或者升級了越來越多的感測器。iPhone感測器的進化史令人嘆為觀止。

你現在感覺，從iPhone一代到iPhone 13是越來越好看了嗎？當然。是越來越強大了嗎？當然。但更重要的是，iPhone越來越「敏感」了。它越來越敏銳地感知你的世界，並把你的世界數字化。

這個世界正在被數字化，正在不斷地被開採。你在感知這個世界的時候，這個世界也在感知你。

這有什麼用呢？用處大了。

2019年，我帶領20多位企業家遊學美國。我們在拉斯維加斯參觀著名的CES（消費電子展），看到一個「經過訓練的智慧鏡頭」，當時同行的一位掃地機器人創業者非常激動。我問

他為什麼，他說，掃地機器人行業這些年在中國發展得非常好。但是，它和另外一個也發展得非常好的行業卻不兼容，這個行業就是寵物行業。為什麼？比如，如果小狗在地板上拉了一坨便便，而掃地機器人揮舞著刷子開過去，整個地板就難以想像。所以，小狗和掃地機器人，必須有一個接受訓練。訓練誰呢？就訓練掃地機器人吧。用了「經過訓練的智慧鏡頭」的掃地機器人，能感知家中常見的幾十種物體，見到小狗拉的便便能自動避開，「慘劇」就不會出現了。

沒有法律規範的市場，只會劣幣驅逐良幣

這一切聽上去很好，但是，你有沒有像我一樣，心中產生了一絲絲擔憂：這樣開採數字石油，我的隱私在哪裡？

有一年，我飛西班牙，途經阿姆斯特丹。落地後，我打開Google Map，想查查酒店離機場有多遠。突然，我發現地圖上的酒店位置寫著我7月12日入住，7月15日離店。我大吃一驚：Google Map是怎麼知道我什麼時候入住，什麼時候離店的呢？

我趕快一查，原來，Google公司讀了我所有的Gmail電子郵件後，發現了一封酒店的確認信，然後它就在我打開Google Map時「善意」地提醒了我入住和離店時間。

方便吧？但這種方便是用隱私換來的。

你說：「那我就接受不方便，我就不讓你碰我的隱私，行嗎？」很難。現在的Email都有過濾垃圾郵件的功能。你想過沒有，為什麼它能過濾垃圾郵件？因為它「讀」過你所有的郵件。

你說：「那我不讓它讀，行嗎？」這樣一來，你每天工作8小時，可能要花7.5小時從垃圾郵件裡把工作郵件分揀出來。

便捷和隱私是一組非常複雜的話題。

2021年11月1日是一個重要的日子，中國的《個人資訊保護法》正式實施。這部法律是數字世界的基本法。

這部法律說了什麼呢？我總結出了幾個要點：

比如，如果有人要開採我的數據，需要我明確同意；如果我要把自己的數據移走，對方不能阻攔；如果我要刪除自己的數據，對方也不能留存。

比如，禁止大數據殺熟[14]，商家不能用我的數據來對付我。

再比如，平臺有「舉證倒置」的義務。舉個例子，早上我剛陪太太去醫院，查出她懷孕了，下午就接到十幾家奶粉公司的電話。我懷疑是醫院洩漏了我的數據，但我沒有證據，這時，就需要醫院證明自己沒有洩漏這些數據。這將極大地降低消費者的舉證難度。

這部法律的頒布是一件好事，因爲一個沒有法律規範的市場，就是一個劣幣驅逐良幣的市場。

比如，以前有些賣電子門禁系統的公司，產品賣得非常便宜。爲什麼？因爲它們收集了大量的人臉數據，然後賣給其他公司賺錢。這樣，電子門禁系統的銷售價格就可以很低。而那些因爲不倒賣數據所以價格便宜不下來的好公司就活不下去了。這就是劣幣驅逐良幣。

《個人資訊保護法》出來後，那些真正把門禁做好而不去倒賣數據的公司，將迎來發展。以後，開採數字石油就有法可依了。「正規軍」的時代洶湧而來。

---

14 編注：指網路業者利用自己擁有的用戶數據，對新舊客戶進行價格差別化的行為，也就是同樣的商品或服務，提供給老客戶的價格會高於新用戶，藉此獲得利潤最大化。（資料來源：電子商務時報）

所有「檸檬市場」裡，都有很大的數字化機遇

數字化的第一步是開採，第二步是粗煉，也就是將模糊的、不可度量的數據提煉為精確的、可度量的資訊，就是使數據從傳統的「金木水火土」轉變為現代的「氫氦鋰鈹硼」。

如果能用「可度量性」來理解商業世界，我們再看很多行業都會感覺豁然開朗，會發現這些行業都可以重做一遍。

比如牛肉。你去菜市場買牛肉，會怎麼挑？你會挑那些肥瘦相間的。但到底什麼樣的才叫肥瘦相間？多肥多瘦相間？這是很模糊的，賣家的操作空間很大。

但澳洲牛排把這個市場重做了一遍。澳洲牛排制定了嚴格的、可度量的分級標準，根據脂肪的多少和分布均勻與否，牛排被分為M1~M9共9個級別。你去買牛排時，可以直接和商家說「我要一塊M9級的牛排」。這樣，渾水摸魚的空間就被消除了。「肥瘦相間」是數據，「M9」是資訊。

再比如顏色。2020年12月，PANTONE色彩研究所公布2021年的流行色是極致灰和亮麗黃。如果你正好在裝修，你想配一張這兩個顏色搭配的沙發，你怎麼和設計師溝通呢？如果你對設計師說「我的沙發要極致灰和亮麗黃」，設計師一定會感到非常頭疼：到底什麼是極致灰，什麼是亮麗黃？聰明的你可能會找到一幅照片給設計師看，讓他參考，但他還是會感到

頭疼，因為照片也會偏色。

但PANTONE用數字化的方式解決了這個問題。

PANTONE把每種顏色都賦予了一個色號，極致灰是PANTONE 17-5104，亮麗黃是PANTONE 13-0647。你只要把色號給設計師，他就知道你要的是什麼顏色，就能為你設計出你想要的顏色搭配方案。

資訊是提純了的數據。商業世界中的很多創新，本質上都是透過「降噪」的方法，把數據提純為資訊。

所有沒有可度量標準的行業都容易魚龍混雜、魚目混珠，比如牛排、玉石、茶葉、古董、珠寶、沉香等。經濟學上把這種「劣幣驅逐良幣」的市場叫作「檸檬市場」。而所有「檸檬市場」裡，都有很大的數字化機遇。

從資訊到知識,是數字化的關鍵一步

從模糊的、不可度量的數據中粗煉出資訊,然後呢?數字化的第三步,是從資訊裡精煉出知識。

比如,小明的體重是180斤(90公斤)。請問:根據這個資訊,是否能判斷小明不健康呢?不能。最好還有別的資訊做參考,比如身高。

如果小明和姚明一樣,身高2.26米(226公分),那麼180斤也不算超重。可是一測,小明的身高是1.8米。這就有點問題了。但這就一定不健康嗎?也不一定。最好還有一個資訊,比如體脂。

用體脂秤一測,可能發現小明的體脂很低。為什麼?因為他身上肌肉很多,這說明他其實很健康。

你發現沒有,只有把資訊比如體重、身高、體脂等放在一起,才能「精煉」出「健不健康」這個真正有用的知識。

從資訊到知識,是數字化的關鍵一步。

我舉兩個例子。

第一個例子是新潮傳媒。

廣告行銷界有句話:「我知道我的廣告有一半是浪費的,只是不知道是哪一半。」為什麼不知道?因為資訊不精準。

新潮傳媒創始人張繼學對我說,他們在投放一個奶粉廣告

之前,會先看一看社區附近這種奶粉的百度指數[15]。主動搜尋多的,就重點投放。投完之後,再看這種奶粉在京東店鋪的銷售數據。成交變化大的,增加投放。把線下、搜尋、電商這三個資訊源放在一起,新潮傳媒獲得了「精準用戶在哪裡」這個知識。透過這樣的方式,這個奶粉廣告的投放效果提升了130%~217%。這就是把資訊粗煉為知識。

張繼學說,會用這些知識扶持30個品牌成為「中國新潮品牌」,幫助他們做成百億、千億級企業。

第二個例子是飛書。

飛書是字節跳動旗下的先進協作與管理平臺。這個平臺確實先進,我們現在的專案進展、會議、資料,都可以用飛書管理。即使我在家,也能透過飛書與同事溝通。當我需要任何資訊時,我就在文檔裡@相關同事,他會立刻收到通知。然後,他把我需要的資訊補充進文檔,打個「✓」表示完成,再繼續工作。

透過「用@集結,用✓解散」的方式,每個人腦海中的資訊就溝通了起來,最終形成了知識,這種方式特別高效。

張一鳴很喜歡Netflix的一句名言:「Context, not Control(場景,而不是控制)」吳聲老師有個場景實驗室,他說,創新必須發生在場景當中。他說的場景就是「Context」,具體

---

15 編注:以百度眾多網友搜索行之數據為基礎的數據分享平台。

的環境。

在一個組織裡，資訊通常具有雙重屬性：權力和資源。當一個員工把資訊當成自己權力的基礎時，他就會刻意阻礙資訊的流動，並以此控制不知道這些資訊的人——「我知道，而你不知道，所以，你要聽我的。」這對他個人是有利的，但會極大地傷害組織的決策能力和創新能力。

而當一個員工把資訊當作公司的公共資源時，他會不斷地推動資訊的流動。因為他知道，自己掌握的資訊可能會給別人的工作帶來很大的幫助。把彼此掌握的資訊都公開地放在桌面上，作為「場景」，作為具體的環境，讓大家一起來討論，這樣，做出來的決策才是最有利的。這對個人提出了更高的要求，但是對提高組織的決策能力和創新能力都很有幫助。

所以，一定要讓資訊流動起來形成知識，因為只有資訊自由流動的企業才有創造力。

那麼，知識是不是數字化的最高形態呢？依然不是。數字化的最高形態是智慧。

把知識聚合為智慧，才能做出更好的決策

知識很重要，但是孤立的知識的價值是有限的。只有當知識彼此碰撞，互相激發，才能產生令人眼前一亮的智慧。

這就是數字化的第四步——聚合，把知識聚合為智慧。

信也科技的創始人、董事長顧少豐是我在微軟的老同事，當時我做部門主管，他做技術主管。他對智慧的定義我非常認同，他說：「智慧就是用更低的成本，做更好的決策。」

比如銀行貸款。如果要用5個人審3天，才能判斷一筆5000元的貸款能不能放，就不夠「智慧」。雖然安全，但成本太高。金融天生數字化，一定能基於數據、資訊、知識這些數據石油煉化出一些真正的智慧。比如，信也科技就在用「信也魔方」協助銀行開發新的風險模型。這些更智慧的模型能做到幾乎零成本在一秒之內為99%的借款人匹配資金。

2021年10月伊隆・馬斯克宣布將推出自己的UBI（Usage Based Insurance，基於用量的保險）車險產品，正式進軍保險行業。並且，有可能在2022年把業務擴展到紐約。在2020年的三季度財報說明會上，馬斯克就曾說：「保險將成為特斯拉的主要產品，保險業務價值將占整車業務價值的30%~40%。」

什麼是UBI車險？舉個例子，我每年要出很多差，在上海的時間不多。就算在上海，我也不喜歡開車，而喜歡叫專車。

請問，我那輛車幾乎不開，但每年還要交7000元的保費，合理嗎？我覺得不合理。我不開，就不會產生風險，憑什麼要和那些上路的車分擔風險呢？車險是不是可以不按照年來買，而是按照公里數來買呢？而UBI車險就是基於用戶實際駕駛行為的車險。

為什麼傳統的保險公司不這麼做呢？因為它們是中心化的保險機構，手上只掌握「社會統計數據」，沒有關於每個人的「個性化大數據」。每年上海出多少起交通事故，65歲以上老人得老年痴呆症的機率是多少，這類數據是社會統計數據。中心化的保險公司的精算師再厲害，基於社會統計數據也算不出來針對個人的最優保險定價。就拿公里數來說，保險公司也很難掌握，萬一有人在儀錶盤上作假呢？這些信用風險無法防範。而車廠裝在車裡的不可竄改的OBD（On-Board Diagnostic，車載診斷系統）設備卻可以保證數據的可信性，有效防範個人信用風險。

所以，要做UBI車險產品，必須掌握大數據，而且是個性化的大數據。

但是問題來了，每公里如何定價呢？

這就要依靠從數字石油裡開採、粗煉、精煉、聚合出的智慧了。

車廠透過預裝的OBD設備，可以從你每天的駕駛行為裡開採出大量的行車「數據」，然後粗煉出有價值的「資訊」，

比如你猛踩刹車的次數，你和前車是否始終保持安全距離等。然後，再精煉出誰的行車習慣好這個「知識」。最後，用人工智慧的「智慧」自動做出降低保費的決策。

可能有一天會出現這樣的場景：

車廠打電話給我：「您的車險要到期了，要不要換成我們的保險？」

我問：「我一年保費7000元，你們多少錢？」

客服小姐說：「我們便宜，才2000元。」

我說：「這麼便宜，為什麼啊？」

她說：「因為我們的數據顯示您的行車習慣特別好，而且基本不開。」

我一聽特別高興，趕快打電話給我一個朋友，他和我同一天在同一家4S店[16]提的同一款車。我朋友聽完後，也立刻打電話給車廠的客服，說：「我要買保險，就是你們賣給劉潤的那款，2000元的那款，我的車和他的一樣。」

客服小姐查了一下後說：「對不起，您在我們這裡買保險的話，要1.2萬元。」

我朋友一聽：「為什麼啊？」

她說：「因為您經常漂移。」

我朋友非常生氣，說：「那我不買還不行嘛。」

---

16 編註：集汽車銷售、維修、配件和訊息服務為一體的銷售店。

於是，他繼續在原來的保險公司買。然後，漸漸地，那些行車習慣好又不怎麼開車的車主，會越來越多地被車廠拉走。為什麼？因為車廠掌握著個性化的數字石油。

2017年，我發了一條Po文，說未來主流的車險公司都是汽車企業開的，因為它們從車主行為裡開採出了數字石油，並從中煉化出了定價的智慧。

從物理世界中開採出數據，粗煉為資訊，精煉為知識，聚合為智慧，這就是數字化。

Part 4
新消費時代

新消費時代正在到來

2020年第一季，因為新冠肺炎疫情，中國的消費降到了冰點。但是，下半年很快復甦，最終，2020年中國的消費總量甚至超過了2019年。2021年，LVMH集團總裁兼CEO貝爾納・阿爾諾（Bernard Arnault）一度取代了亞馬遜創始人兼CEO傑夫・貝佐斯，奪得世界首富的冠冕。這些看起來毫無關聯的事件說明什麼？說明消費的世界正在發生一些非常重要的變化。而這些變化，就在我們眼皮子底下大量催生的新物種。

有一個創業者叫張賢峰，跑步是他最大的愛好。他跑完人生的第一次半馬之後，感到非常有成就感，這時，那個幫他記錄跑步路線的App彈出了一條這樣的資訊：恭喜你，太厲害了。需不需要申請一塊為這條路線定製的獎牌，紀念一下？

這塊獎牌叫「百分百跑者」，張賢峰很喜歡這個名字，因為他有一句座右銘：「選擇了，就百分百熱愛，百分百專注。」所以他毫不猶豫地回答：「好啊，貴嗎？」價格不貴，只需要幾十元。

那為什麼不來一塊呢？於是，後來張賢峰幾乎每跑一條路線都會申請一塊獎牌。有些有趣的路線，他還會申請兩塊獎牌，比如「玫瑰花」路線，因為他想在情人節的時候送給太太。但是注意，所有的獎牌都不能直接「買」，你必須跑完這

條路線，才能付費申請，不跑完是不能申請的。

然後，張賢峰就越跑越多。他跑了很多有意思的路線，比如中國的杭州西湖線、成都寬窄巷子線、臺灣墾丁線和尼泊爾的大本營線，等等。最後，你猜猜看，他「付費申請」了多少塊獎牌呢？400多塊。

看著他那掛滿一牆的獎牌，我問他：「你一共花了多少錢？」

他說：「加上各種其他花費，大概3萬多元吧。」

腿是自己的，路是免費的，但申請獎牌卻要花3萬多元。其實，這些獎牌在淘寶上可能花2000元錢就能買全，但是張賢峰花了3萬多元，還覺得很值。那麼，從2000元到3萬多元，多出來的2.8萬多元，他買的是什麼？買的是「只要我喜歡，沒有值不值」，換句話說，就是體驗。

以前，我們願意花錢買功能，買東西的時候看的是這個能吃，那個能穿。但是今天，我們更願意花錢買體驗，即使這個東西不能吃、不能穿、不能用也沒關係，只要喜歡就行。這個變化越來越明顯。為什麼？因為我們有錢了。

我們來看一組數據。2020年，中國的GDP大約是101.6萬億元，如果按照6.45的匯率來計算，折合15.75萬億美元。我們不看總量，看人均。中國人口有14.1億，兩個數字相除，可以得出2020年中國的人均GDP是1.12萬美元。

那2021年呢？

聯合國預計，2021年中國GDP的增長率會在8.2%左右。我們四捨五入，按照8%來算，2021年中國的人均GDP可能會達到1.21萬美元。這意味著什麼？

　　2021年7月，世界銀行公布了一個最新標準：人均國民總收入（GNI）達到1.27萬美元的國家，就是「高收入國家」。GNI是在GDP的基礎上，加上本國居民在國外創造的價值，同時減去外國公民在本國創造的價值。不過，通常來說，GDP和GNI相差別並不大。這意味著，當中國的人均GDP達到1.27萬美元時，就會成為高收入國家。距離高收入國家的邊界線，就差一點點。

　　2022年，我們有很大可能會邁過這條線。用香帥老師（唐涯）[17]的話說：「2021年，我們站在了高收入的邊界線上。」

　　這個時間點非常有標誌性意義。雖然我們的收入不是在一夜之間增加的，我們的消費習慣也不是在一夜之間改變的，但是，它依然標誌著中國正在出現越來越多的張賢峰，標誌著一個新消費時代的到來。而這個新消費時代會帶動新一輪的經濟增長。

　　為什麼？

　　我們知道，一個國家的GDP增長是由「三駕馬車」拉動

17　編注：著有《香帥金融學講義》、《金錢永不眠》、《金錢永不眠II》、《錢從哪裏來》、《香帥財富報告》、《熟經濟》、《錢從哪裏來4：島鏈化經濟》等書。

的：投資、消費和出口。但是，在不同的歷史階段，這「三駕馬車」的重要性是不一樣的。回顧過去的20多年，或者說自21世紀以來，我們的經濟增長其實經歷了三次動能轉換——從2001年的出口拉動經濟，到2008年的投資拉動經濟，再到現在的消費拉動經濟。

2021年5月，在2021中國新消費發展論壇上，中國（海南）改革發展研究院院長遲福林發表演講時說：2012~2019年，中國社會消費品零售總額從21萬億元漲到了40萬億元，年均增長10.94%。2020年，因為新冠肺炎疫情，這個數據比2019年下降了3.93%。但到了2021年，又開始反彈恢復到2020年之前的速度。而在未來5年，我們的消費總額每年的增長幅度大約是9.5%。2025年，消費總額可達55萬億~60萬億元。這對於GDP增長來說，確實是非常重要的拉動。

所以，不管是從微觀消費行為的改變，還是從宏觀消費動能的改變來看，新消費時代都正在到來。

那麼，怎麼抓住這個機遇？

在過去一年裡，我調查了很多新消費公司，拜訪了很多創始人，也和很多做新消費投資的投資人進行了深入的交流。我慢慢發現，這些「達爾文雀」們之所以能脫穎而出，是因為它們身上有三個共同的標籤——新模式、新通路和新品牌（見圖4-1）。我開始有種隱隱約約的判斷，抓住新消費的機遇，就是做好這三件事情。

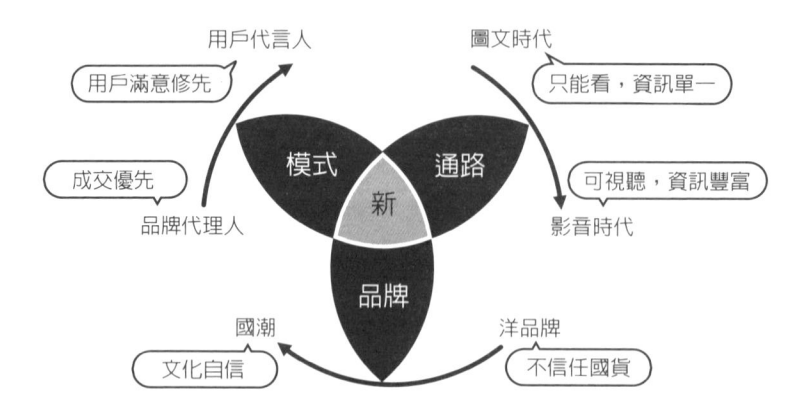

圖4-1　新模式、新通路和新品牌

從品牌的代理人變為用戶的代言人

新消費的第一個「新」是新模式。

什麼是新模式？新模式就是轉身，面向用戶，從品牌的代理人變為用戶的代言人。

有一次，我在金華和若缺科技的創始人胡煒聊天。

到了金華，我才知道，橫店和義烏都隸屬於金華，這兩個地方的知名度甚至遠大於金華，所以有「浙江的金華，中國的橫店，世界的義烏」的說法。這個地方的人都特別會做生意。我問胡煒：「你是一家金華的房地產行銷公司，為什麼想做我們這樣一場面向全國甚至全網的大會的戰略夥伴呢？」胡煒說：「因為我覺得，你們是在做非常有意義的事情。你們在傳遞很多『對』的東西。我覺得應該去幫助。」

我問他：「我們傳遞了什麼你認為最『對』的東西呢？」

他說：「『做用戶的代言人』，這句話讓我太有感觸了。我們的使命也和這句話很呼應，我們的使命是『以科技賦能，成為老百姓信賴的一站式購房服務商』。雖然看上去，我們是在幫開發商賣房子。但其實，我們是在幫消費者買房子。」

我很好奇：「這個有差別嗎？」

他說：「差別太大了。差別就在你是代表誰的利益。幫開發商賣房子，不管房子好不好，成交就好。但是幫助消費者買

房子,滿意遠大於成交,因爲你是用戶的代言人。」

「做用戶的代言人」,這聽上去是不是像句口號?但是,在新消費時代,我們看到很多企業的快速成功,都是因爲從品牌的代理人轉變成爲用戶的代言人。

我舉兩個例子。

中國有幾位非常知名的羅老師,我有幸認識其中兩位:羅永浩老師和羅振宇老師。

2020年,羅永浩老師開始在抖音做直播電商。一開始,有些人對他還很懷疑,但今天,我想他的成功大概已經沒什麼爭議了。爲什麼?因爲據說他欠的6億元基本上已經還完了。這讓很多人羨慕,也讓很多人嫉妒。

他是怎麼做到的?其實在第一場直播的時候,心裡藏不住事的羅老師就已經把自己所有的商業機密都告訴大家了,這個機密就是「基本上不賺錢,交個朋友」。

基本上不賺誰的錢?基本上不賺消費者的錢。爲什麼?交個朋友啊。你們要買啥?哦,要買這個,好。然後,他就帶著幾萬、幾十萬的朋友,一起浩浩蕩蕩地去找品牌商:看,這些都是我朋友,有一個算一個,他們都想買你家的東西。你看,這麼多人,給個面子,便宜點。

所以,羅老師的商業機密是什麼?是做用戶的代言人。

直播電商的本質,不是幫品牌商賣東西,而是幫消費者買東西。

2016年，我非常有幸開始和得到合作「5分鐘商學院」等系列課程。到2021年為止，我一共更新了四季內容，有幸獲得了超過60萬的付費用戶。但是大家越信任我，我越是感覺如履薄冰。於是，我不斷地向羅振宇老師和脫不花花姐請教如何做好內容。

我發現，我學到的所有東西都可以濃縮到一個問題裡面，這個問題就是：如果得到用戶和劉潤同時掉進水裡，你們猜，羅老師會先救誰？

這個問題，很難猜。因為猜不出來，傷腦；猜出來，傷心。

其實答案顯而易見：肯定是得到用戶。如果羅老師自己也掉進水裡，要花姐選救誰，花姐肯定也是救用戶。

總有朋友問我，和「得到」合作有什麼體會？我回答說，我最大的體會是他們真是對老師太好了。每次去，創始人都會親自把你送到電梯口，然後有事沒事地給你寄東西，滿足你的一切合理或者不合理的要求。

但是，你必須把這些「好」加倍地「還」給用戶。

有一次，我把一篇稿子交給我的主編。他看完後，在微信上對我說：「潤總，您的這篇稿子實在是太完美了。但是，如果您一定要我在雞蛋裡面挑骨頭的話，我有如下99點意見。」

「我對你好，所以我也懇請你和我一起對我的用戶好」，這就是「面向超級用戶，春暖花開」。

用「短影音＋直播」把所有產品都重賣一遍

新消費的第二個「新」是新通路。

你知道我現在買東西最多的平臺是什麼嗎？是抖音。這可能和我不負責購買家裡的日常用品有關。

我經常出差，晚上睡覺前，覺得一天好辛苦，我會刷20分鐘抖音放鬆一下，然後再睡覺。可是，刷著刷著，不知不覺就刷了2個小時。有一次，我刷到一個人在大口大口地吃拌飯醬，我想不明白他怎麼能吃得那麼香。看著看著，我突然感覺餓了，然後就忍不住下了單。

這樣的事情經常發生，所以每次出差回家，家裡都有很多我的快遞。有時候，我都不記得我買過這些了，但是在買的那一瞬間，我是真的被打動了。

我覺得我是個挺理性的人，但為什麼也會這麼容易被影響？

因為，影響我們消費決策的「依據」升級了，而我們還沒有升級。

影響我們消費決策的唯一依據是資訊。比如，當你去逛街的時候，看到一件西裝是藍色的，這是資訊。你摸一摸發現它是羊絨的，覺得很喜歡，這也是資訊。你翻一翻價格標籤，看看買不買得起，結果發現價格還行，在你能承受的範圍內，

這還是資訊。於是，你讓門市人員拿一件給你試一下，發現還挺合身，這依然是資訊。最終，你會依據你所獲得的所有「資訊」來決定買還是不買。

資訊在網際網路上的傳播，經歷過三個時代：文字時代、圖片時代和影音時代。

最開始，在網速還不快的時候，我們主要透過文字來傳遞資訊。但是，文字的資訊密度很低，很難講清楚一些複雜的事情。所以，最初我們只能在網上賣一些簡單的東西。比如書，當消費者決定買或者不買一本書的時候，只需要獲得書名、作者、目錄以及封面這些資訊就可以了。

後來，網速快了，我們可以傳照片了，而且還是高清的照片。照片的資訊密度比文字要高很多，所以，這時候我們可以在網上賣衣服了。當消費者看到一件襯衫穿在模特身上非常好看，並且覺得穿在自己身上一定也不錯時，他就會做出購買決定。照片能傳遞的資訊量，是文字做不到的。

再後來，網速更快了，快到我們可以拿著手機隨時隨地滑影音甚至看直播。這時候，我們可以在網上傳遞的資訊的密度就更高了。比如，如果你要賣一款沙發，你想說明這款沙發非常結實，就算一個100公斤的胖子在上面跳來跳去都沒問題，你應該怎麼來傳遞這個資訊？那就找一個100公斤的胖子來跳就行了，然後拍成影音，就像我在抖音上看到的那個拌飯醬一樣。影音傳遞的資訊量，是文字和圖片永遠無法做到的。

從文字到圖片再到影音，傳遞資訊的方式越來越多樣，傳遞給消費者的感覺、細節也越來越豐富。

所以，新通路可以用「短影音＋直播」把所有產品都重賣一遍。

我舉個例子。

劉媛媛是北大法律系碩士，她因參加《超級演說家》節目，獲得了第二季總冠軍而被大家所知道。畢業後，她開始創業，現在的主業是直播賣書。

劉媛媛先是「5個月賣書賣了1億元」，2021年9月27日又開啓了「億元專場」直播，這場直播的銷售額近億元，號稱「喊來了中國出版社的半壁江山」。

這是怎麼做到的？首先，當然是低價，而且是極低的價格，當時，劉媛媛打出的宣傳語是「爆款書突破雙十一價格」「50萬冊書破價到10元以下」「10萬冊1元書」等。其次，這場直播賣的產品90%都是童書。劉媛媛在開播前曾說：「圖書品類的短影音流量偏低，只有部分產品達到極致價格，才能吸引人。」

這樣賣書還有利潤可言嗎？

我們以前講過，一本書從寫完到賣給消費者要經歷四個環節：作者、出版社、印刷廠、書店。每個環節都要付出成本，以獲取收入。這樣的交易結構傳統且低效。所以，當網際網路進入這個領域後，直接衝擊甚至打擊了這種傳統模式。當當

網、電子書、得到知識服務平臺針對各個環節「一對一」打擊，因爲它們不僅效率更高，而且成本更低。

於是，書越來越難賣了。直到「直播賣書」這種形式的出現，賣書又變成了一個新的機會。不僅僅是劉媛媛在直播賣書，今天很多人都在直播賣書，樊登在賣書，李國慶在賣書，楊天眞在賣書，俞敏洪在賣書……

這門生意是如何運轉起來的？

直播賣書能賣得好的一個重要原因就是便宜。比如，在抖音上大部分書的售價一般是5折。5折是什麼概念？我寫了不少書，作爲作者，我找出版社買自己寫的書，購買折扣都要6折或者5.5折。談判能力非常強的作者才能拿到5折。如果售價是5折，那麼抖音的主播們拿書是幾折呢？我問了一些出版社的朋友，這些主播們的拿書折扣一般是3.5折。

3.5折相當於出版社把自己的利潤空間幾乎全部讓出去了。因爲一本書售價5折，剩下的50%，出版社大約要支出作者版稅10%、圖書發行成本10%和印刷成本15%。留給出版社的錢，只剩15%左右，但現在這15%都讓給主播了。

所以，直播賣書對出版社來說幾乎是「擦」著成本做的，出版社爲什麼願意這樣做？

這是因爲，首先，直播會帶來更多的傳播。在直播間，一本書會獲得更多的曝光，出版社也能有更高的知名度。其次，清理庫存。比如在劉媛媛的「億元專場」裡，「1元書」的供

貨商二十一世紀出版社集團提供的《森林報》原本計畫的是9.9元秒殺，但後來在直播時臨時改成1元秒殺。出版社之所以願意承擔這個差價，是因為當天賣的《森林報》是2010年的版本，在庫房裡已經躺了10年，而且新版已經上市了，需要清庫存。

書其實是一個非常好的售賣品類，因為它是標品[18]，售後問題也比較少。不管行業怎麼變革，只要找到適合的新通路，就有新機會。直播的方式就是一個很好的賣書新通路。

很多年前，我和我的前老闆、微軟大中華區原副總裁曾良聊到對未來的判斷時，他預測，未來的網際網路上有80%以上的數據流量將是影音帶來的。當時我有點不信，今天我信了。而且，今天我越來越覺得，影音可能是「經典網際網路」的終極媒體形態。

人有五感，即聽覺、視覺、觸覺、味覺和嗅覺。味覺、嗅覺、觸覺在短期內無法上網，但到了元宇宙（Metaverse）時代，或許可以。

什麼叫元宇宙？「meta」這個詞根，可以翻譯成「元」，也可以翻譯成「超越」。「metaverse」其實不是關於宇宙的宇宙，而是超越現實的宇宙，意思是由於VR、AR、MR技術的發展，我們在現實的宇宙外多出了一個虛擬的宇宙。虛擬宇

---

18 編注：具有統一市場標準的商品，這類商品在市場上往往具有明確的統一規格、型號或者商品款式。

宙「延展」了，或者說「超越」了現實的宇宙，也就是「超宇宙」。「超宇宙」才是更準確的翻譯，但今天大家都叫它「元宇宙」，所以我們還是用「元宇宙」來稱呼它。

元宇宙會使我們的感官得到延伸，因此，未來的場景可能是：我們每個人都戴著VR眼鏡，戴著觸感手套，穿著觸感緊身衣上網。你想做一套西裝？來，摸摸這個質料，純羊絨的，很柔軟，很舒服吧？再套上試試，怎麼樣，暖和嗎？這種方式增加了觸覺，大大提升了感覺的真實性。

但是今天，在「經典網際網路」的世界裡，這種方式還是行不通的。經典網際網路只能把資訊加載在聽覺信號和視覺信號上。今天我們能在網際網路上傳遞的所有感官體驗，雖然很豐富，但其實還是只有視覺和聽覺兩種。

而「聽覺＋視覺」就是影音。這個影音，可以是3D影音，也可以是VR影音，但都是影音，也只能是影音。

所以，未來已來，你必須擁抱，儘快用「短影音＋直播」的方式把所有產品都重賣一遍吧。

品牌的基礎是信任

新消費的第三個「新」是新品牌。

潤米諮詢有一個非常好的合作夥伴——未本設計，它的創始人叫林翀。林翀和他的團隊給我最深刻的印象就是用心，讓人不得不服的用心。

我們2021年年度演講的LOGO（標識）就是未本設計的。為了設計這個LOGO，他們集體學習了進化論，然後準確地設計出了那三種最有特徵的喙。這是很不容易的。

除了這次大會的LOGO，我們的每款造物產品，比如小洞茶、5號酒、鮮碾米、《勤商日曆》，也都是他們設計的。這些產品都特別受歡迎。

有一次，我問林翀：作為一家品牌設計公司，你覺得品牌的基礎是什麼？他想了想說，是信任。

怎麼理解信任？我舉個例子。假如有兩瓶藥，長得一模一樣，配方也一模一樣，效果也一模一樣，都能治感冒，唯一的差別就是其中一瓶上面寫著「同仁堂」，你會買哪一瓶？大部分人都會選同仁堂。為什麼？因為信任。你相信同仁堂說的「炮製雖繁必不敢省人工，品味雖貴必不敢減物力」是認真的。

雖然同仁堂的藥可能會貴一點，要花更多的錢購買。但是，如果買其他產品，一旦被騙，人們不但要付出金錢的成

本，還要付出健康的成本。這就是為什麼大部分人會寧願從價格更高的同仁堂買藥。

理解了這一點，也就能理解為什麼現在出現了一個所有人都能明顯感覺到的**趨勢**——國貨崛起。元氣森林、花西子、完美日記這些**國貨**，幾乎是突然之間就發展起來了。

為什麼會出現這樣的趨勢？因為中國人越來越信任中國人了。我們比從前任何時候都更加相信自己，相信自己文化，相信自己的產品，相信自己的品牌。

這種強大的信任基礎，墊在所有中國產品下面，使其逐漸升高。這是建立新品牌的大好時機。

但發展新品牌並不容易，剛好，前段時間我和勁霸男裝的董事、品牌副總裁龔妍奇龔總進行了一次交流。聊完之後，我發現勁霸男裝作為新中國品牌關於如何打造品牌有不少洞察。

為什麼都說勁霸男裝定義了中國夾克？這是因為勁霸男裝發現了一個很重要的問題，這個問題其實和中國大的經濟歷史發展脈搏有關——勁霸男裝很重要的用戶之一是創業創富群體，這些人可能是改革開放後的創業者，是努力拚搏的中小企業主。你能想像到，他們一定特別忙。一個經常發生的場景是，他們前腳剛剛去聊生意、去簽合同、去辦文件，轉身就要回到自己的辦公室工作，回到自己的工廠點貨。那麼問題來了，他們需要穿一件什麼樣的衣服，在談事的時候非常合適、得體，在工作的時候又非常舒適、方便？也就是說，既要能商

務休閒兩用，又要能體面省時省事。

這個問題很重要，他們太忙，時間太寶貴了。勁霸男裝發現，只有夾克能滿足他們的需求。他們需要這樣的衣服，勁霸男裝就逐漸改進，設計出了具有中國特色的版型，他們叫它「中國茄（夾）克」。

其實，還有很多這樣的重要場合，都要求衣著既不能太拘謹，又不能太隨意。比如，你要去見未來的岳父大人，你說衣著重不重要？很重要。但是，你穿西裝嗎？太嚴肅了。穿運動服嗎？又太隨意了。怎麼辦？穿一件夾克吧。這就很合適，能讓對方看得出你對細節的考慮、對品質的追求和對別人的重視。因此，也更容易給對方留下一個好印象。再比如，參加重要的飯局，為了獲得投資的提案，畢業論文口試……在這些場合，你都不能犯錯。因為一旦犯錯，付出的代價太大了。

而勁霸男裝用更高的性價比，幫助用戶解決了這樣一個至關重要的問題。

為了能把一件看上去普普通通的夾克做好，勁霸男裝做了很多研究和努力。

勁霸男裝希望做出來的夾克在各種場合都能穿，而且能突出中國男人的特點。他們把這些特點變成對夾克的要求，歸結為五個方面：領袖肩背胸。

當你拉開拉鍊的時候，領子應該自然外翻，不能鬆鬆垮垮。這樣，整個人看起來更自信從容，不會邋裡邋遢。

袖子，應該是合體袖的剪裁。你想想，如果很多衣服的袖子都是支楞著的、散著的，看上去一定沒有質感。勁霸男裝對於袖子的要求是像一個人的手臂一樣自然垂到兩側，能和身體貼合在一起，這樣才會更圓潤、舒適。

肩膀，應該有擔當。所以，勁霸男裝不會用太複雜的線條和設計，但是希望肩膀看起來更加平闊。

後背要線條俐落，這樣在視覺上才更加剛毅。

前胸也是一樣，看起來要更挺拔，這樣才能胸懷天下。

而想要達到這樣的視覺效果，突出這樣的特質，在專業上，就要依靠版型的設計。

為了能更適應中國男人的體型，勁霸男裝專門設計了不同的版本，比如合身版、修身版、常規版、廓形版。不管你是什麼身材，穿上勁霸男裝的夾克都特別合適。而且，勁霸男裝還根據數百萬客群的體型樣本，獨創了9段放碼體系。

放碼在服裝領域裡面是很專業的事情。簡單來說，紙樣師傅做出衣服的打樣後，還需要再根據不同規格的樣差，把不同尺碼的紙樣做出來。這樣，才能讓不同高矮胖瘦的人都能穿。這個過程，就叫放碼。放碼，一般有一個通用的規則，比如每多放5厘米，袖長要增加多少，腰圍要增加多少，都是規定好的。但是，這樣不一定真的合身。你穿L碼，我也穿L碼，雖然都是L碼，但是我們的體型不一樣，你偏瘦，對你來說，衣服就大了一點；我偏胖，對我來說，衣服就小了一點。總之，

穿上不是完全合身，這當然會影響體驗和視覺效果。

為了避免這一點，勁霸男裝根據自己客群的體型數據，做了一套專屬於勁霸的9段放碼體系。這樣，放碼更精細，勁霸夾克也更有包容性。

一個中年男性，假如他有小肚腩，你不可能讓他減肥後再來穿勁霸，所以，不管是什麼樣的身材體型，都要有一件合適的夾克。勁霸夾克的包容性很好，胖的能藏肉，瘦的能顯型。這就是為什麼勁霸夾克跟市場上的夾克乍一眼看起來差不多，其實穿起來大不同。

現在，勁霸男裝已經積累了上萬夾克版型庫，而且還在持續地更新優化。

而除了版型，男裝想要做得好，還有一點特別重要，就是質料。質料好不好決定了產品好不好。

在服裝這個行業，其實熟悉供應鏈體系的都知道，一些高端質料只有特定的工廠才能生產，而且每年產量就這麼多，給這家做了可能就沒辦法給那家做了，很多都是專屬定製的。

但是勁霸男裝透過這麼多年的積累，已經和一些非常知名的供應商建立了很好的合作，所以能夠拿到真正的好質料，甚至每一季還有一些專屬的質料。質料好，做出來的東西才能好。

除了質料，勁霸男裝在輔料[19]上也下了不少功夫。根據不同款式、不同質料的衣服，勁霸男裝會配不同的輔料。如果這件夾克的風格比較剛毅，拉鍊可能就會搭配得更有粗獷感；如果這件夾克的風格比較溫潤，拉鍊可能就會搭配得更絲滑，更有觸感。即使在這樣的小細節上，勁霸男裝也做得足夠用心。

　　一件夾克，除了版型好、質料好，顏色也一定要好。顏色合適了，整體的感覺會更好。

　　為了能讓夾克顏色更適合中國男性的膚色，勁霸男裝每季的色彩研發都要經過不同地域、不同膚色、不同身材的中國男性試色分析。在色彩體系上，勁霸男裝甚至還會結合色彩心理學對色彩進行定製化的飽和度、亮度處理。哪怕同是藏青色的衣服，勁霸男裝的藏青色都會去做一些特定的飽和度等調整，透過視覺的心理投射，使消費者達到更好的身心愉悅。

　　為了「勁霸男裝，專注於中國茄（夾）克」這句話，勁霸男裝投入了太多太多。像勁霸男裝這樣的國貨，勤懇、扎實、執著地做了這麼多年，一點點建立自己的實力，一點點建立自己的認知，逐漸打造出了自己的品牌。

　　消費者選擇這些品牌，是因為對它們更加信任，也更加放心。因為他們知道，這些品牌不會出錯，這些品牌能有穩定

19　編注：所謂「輔料」，英文叫做 Trim，意即製作服飾、包包過程中的「輔助原料」，一件服飾上「布料之外」的所有細節皆是輔料。（資料參考自 https://crossing.cw.com.tw/article/16643）

的、高質量的交付,這些品牌能眞正解決他們的問題。

希望你能從勁霸男裝的故事裡學習到什麼,或者,感受到一種力量和堅持。

往前看，才能衝出賽道

如今，新消費這個賽道已經變得炙手可熱。聽說，很多做人工智慧的投資人都去做新消費了。

但機會往往屬於那些有預見性的人。在這之前，在新消費還是創投圈冷門時，有一位叫黃海的投資人已經投了好幾年了。

黃海是誰？他有兩個角色，角色一是一級市場投資人、新消費的投資人，角色二是消費行業的研究者、觀察者。作為投資人，他參與投資了中國咖啡品牌「三頓半」，而且還是首輪投資人。短短三年，三頓半發展迅猛，它的最新估值已經達到45億元。

我問黃海：「你當時為什麼會投三頓半？」

黃海笑了，說這要從一通電話講起。

時間回到2018年。那個時候的黃海已經關注咖啡賽道一段時間了。為什麼看好這個賽道？他說，因為咖啡很有意思。它的消費場景非常豐富，既可以在家喝，在辦公室喝，商務社交場合也需要。這讓咖啡行業有兩條路可以走，一條路是往體驗型消費的方向走，另一條路是關注產品本身。體驗型消費賣的是生活方式，咖啡只是其中一個載體。而關注產品本身，就是關注咖啡這種產品能帶來什麼機會。

說是機會，是因為咖啡有成癮屬性，年人均消費量非常大。美國的年人均咖啡消費量是300杯，日韓的年人均咖啡消費量超過200杯。但是中國的年人均咖啡消費量卻很低，不超過10杯。這說明中國人的咖啡消費才剛剛開始，還有很大的空間可供挖掘。

當時，咖啡賽道裡已經有一個公司跑出來了，就是瑞幸。瑞幸打掉的是星巴克的線下體驗部分。黃海想，除了在線下體驗方面進行超越之外，還有什麼方法嗎？就咖啡產品而言，雀巢是一個很重要的標竿企業，有沒有誰能在產品上比雀巢做得更好？是否可以向著更便攜、更方便的方向進行創新呢？

經峰瑞資本李豐推薦，黃海撥通了三頓半創始人吳駿的電話。兩個人聊完之後，黃海發現，這個創始人挺有想法的。他說，想圍繞咖啡文化來做一個品牌，現在已經做出了一個精品速溶的產品，而且這個產品在市場上還沒人做過。

這引起了黃海的好奇。於是，過了幾天，黃海就飛到了三頓半所在的長沙。來到這個公司後，黃海發現整個公司布置得就像一個咖啡館，只不過它不對外營業。吳駿說，這樣做是為了激發團隊的創造力。

在這裡，黃海看到了吳駿之前提起的產品，這是一款顏值很高、非常吸引人的咖啡產品，包裝特別有設計感，不是用普通塑膠袋裝的，而是用大約3厘米高的彩色小圓盒，上面標注著不同的數字，每個數字代表不同風格的咖啡，從1到6，烘焙

度由淺到深。

吳駿說，這個包裝可不是拍腦袋拍出來的，而是做了好幾稿測試出來的。看用戶對哪個反饋最好，不斷和用戶去交流互動，最終才得出了這樣的設計。他還說，早期，讓用戶喜歡你比讓更多的用戶知道你更重要。

同時，這個產品還滿足了「喝一杯既方便又好喝的咖啡」的需求。以前的即溶咖啡裡會加奶精和糖，這些三頓半都不加。冷萃速溶的技術讓三頓半的產品可以用冰水、冰牛奶來沖，還不用攪拌，晃一晃三秒鐘就自己溶解了，這樣就把用戶使用這個產品的場景和時間拓寬了。這正是黃海想要的「更多場景，更便攜、方便」。

而且，黃海還注意到，吳駿特別注重消費者洞察，重視和用戶互動交流。他會在一些垂直內容社區[20]（比如「下廚房[21]」平臺）和達人、重度用戶分享自己的想法，與他們互動，讓他們參與到測試中。整個團隊也很尊重用戶，真心在用戶體驗上下功夫。

在好的賽道，有很大的市場需求，創始人洞察力強，又已經做出了實際的創新產品……這些都深深地吸引著黃海，所以，與三頓半的合作就很順利地談下來了。

20　編注：是以行業的細分賽道做區分的，市場預計營收規模不超過在1億以下，這個賽道里就屬於垂直型。（資料參考：https://reurl.cc/3XRxWj）
21　https://m.xiachufang.com/

後來，如黃海所料，三頓半果然一下子就打開了市場。

我問黃海：「你投中了三頓半，你怎麼這麼厲害？你是怎麼做到的？你看新消費背後的邏輯是什麼？你一定有方法論。」

黃海說：「我是85後，我發現現在95後、00後的年輕朋友，他們一年的花費可能是我的5倍。我是說日常消費，不算買房、買車那種。這可能要上溯到我們父母輩的差異。我的父母是60後，是苦過來的一代人，他們從小就教育我要勤儉節約。而95後、00後的父母是70後，家庭條件更好，他們感受到的經濟壓力更小。所以，在這些新人群的成長過程中，消費不是一個要去特別控制的概念，他們也沒有被灌輸很強的節約意識。中國的新消費從這幾年開始，有它的道理。這緣於人群的迭代，也就是所謂的『新人群』。」

說得真好，這讓我想到，以前我去小米參訪時，聯合創始人劉德講了一個故事。他說，有一天他去麥當勞，點完餐之後，他跟服務員說「給我兩張餐巾紙」，服務員小姑娘抓了一大疊餐巾紙塞在了他的紙袋裡，不是一兩張，是厚厚的一疊。劉德老師說：「我看到這個場景之後，激動得一宿都沒睡著覺。」因為他看到了新消費時代到來的一個信號。

為什麼？因為他和我一樣是70後。我們這一代人如果在麥當勞做服務生，有人問我要紙巾，我會先看看他們一共有幾個人，有幾個人就給幾張紙巾，沒必要浪費。現在的年輕人會

給你一疊，因為他們不覺得這東西多一張少一張有什麼大不了的。這和公司有沒有規定無關，與消費習慣的不同有關，他們是沒有貧窮記憶的。

我是70後，我是有貧窮記憶的，我們的父母也有。但95後、00後生活在物質豐富的年代，他們是沒有貧窮記憶的。所以這一代人長大之後，他們的消費習慣發生了改變。他們只為自己的興趣買單，為顏值買單。我們這一代人不理解甚至看不慣的東西，卻是新世代人的日常。新世代長大了，開始消費了，消費就升級了，這為新消費提供了土壤。

年輕人是新消費的核心驅動力。人群發生變化之後，新的消費場景出現了，產品也會隨之發生變化。新產品一定是為新人群、新場景而設計的產品，這個產品，要有顏值，有非常新奇的功能，能滿足特殊場景。誰能真正理解產品的新變化，做出符合新世代需求的產品，誰就能快速打開場景。

黃海之所以選中咖啡品牌也正是因為咖啡天生是多場景的，它能容納的玩法創新和場景變異比較多。比如，膠囊咖啡要賣得好，得搭配場景，家裡得有膠囊咖啡機。這種方式在中國就顯得太笨重了。因為這個場景，沒有機器是做不到的。於是，掛耳咖啡、冷萃速溶、冷萃液成為更適合中國人的場景切入方式。然後，在風味上做到極致就行。從場景出發來理解新產品，是三頓半獲得成功的祕訣之一。

說到新產品，我想起之前和另一位投資人馮衛東聊天時他

說的「品類分化」概念。

什麼叫「品類分化」？我們以鞋這個品類爲例。我小時候去超市買鞋，說自己要買雙運動鞋就行了。現在，如果你說要買運動鞋，營業員會問你，要買球鞋、登山鞋還是跑鞋？這就叫品類分化。

爲什麼會分化？因爲隨著消費力的增強，每一個細分的小品項的規模都已經足夠支撐一個產業了。消費進一步提升之後，又可以再分化，比如球鞋可以分爲籃球鞋、足球鞋、羽毛球鞋、高爾夫球鞋等。

馮衛東說，隨著消費規模的增加，品類就像樹上的果子一樣，會不斷地分化，然後掉下來。

比如咖啡。一開始，咖啡分爲兩種：即溶咖啡和現磨咖啡。現磨咖啡過去的典型代表是De'Longhi咖啡機、La Marzocco咖啡機，後來又演變出了膠囊咖啡和咖啡館。而咖啡館這個分支先是出現了星巴克，後來又分化出了瑞幸。即溶咖啡過去的典型代表是雀巢，然後又出現了罐裝即飲咖啡，今天又落下了冷萃咖啡這顆果子。

不光產品發生了變化，通路也發生了變化。黃海說，這個通路指的不僅僅是銷售通路，更是與用戶連接的通道。它有兩個比較大的特點。第一個特點是存在紅利，因爲是新崛起的社交平臺，所以有很大的市場紅利。比如，鐘薛高最早花20多萬元在小紅書平臺進行行銷所達到的效果，今天可能要投放1000

萬元才能達到。第二個特點是雙向互動性，這是傳統通路所不具備的一個特性。新通路是能跟用戶互動、玩起來的通路，特別適合現代年輕人的風格、品味，這對建立品牌會有事半功倍的效果。

基於這兩點特徵，黃海還發現了兩個非常重要的現象。

一個現象是成圖率。

他說：「如果有100個用戶買了我的產品，有多大比例的人會在消費過程中、消費後拍照在自己的朋友圈或者微博上分享呢？下廚房平臺的創始人曾經跟我說，當時三頓半在和種子用戶互動時，用戶的曬圖率特別高，比其他產品高出一個數量級。大家特別願意拍照分享，這就增加了雙向互動性。成圖率是衡量用戶是否願意自發傳播的重要指標，它的背後是分享帶來的新增用戶的比率。」

另一個現象是站內流量和站外流量。

什麼叫站內流量？你買了直通車[22]，天貓會把你放到某一個位置上，分發流量給你，你是消耗天貓的流量的。但如果你有能力從站外拉來更多人去關注三頓半，比如你透過小紅書將用戶引流到天貓，這種由你帶來的流量，就是站外流量。

現在天貓的策略是流量匹配機制，也就是說，一個商家能帶多少人進來，天貓就會再匹配多少站內資源給這個商家。因

---

22 https://subway.simba.taobao.com/indexnew.jsp#!/home/index?curValue=nav_0

為天貓自己的流量是賣給商家的，但它總是有限的，所以它不希望商家只依賴於站內流量，而是希望商家能引入一些站外流量，這些站外流量它也可以同步使用。這意味著，你的流量不僅僅是平臺給你的，也來自這種新通路或者新社交平臺的轉化。

在2019年、2020年天貓已經沒有流量紅利的情況下，三頓半依然能從天貓崛起，憑藉的不是天貓這個平臺，而是在下廚房、微博、小紅書、朋友圈這些雙向互動的陣地上的耕耘。

因此，新品牌能夠崛起，關鍵在於懂得透過各種各樣的新通路贏得流量。

人群很新，場景所帶來的產品創新很新，通路也很新，熟諳、善用這三個「新」是作為研究者的黃海的另一把「刷子」。

而這三個「新」也給今天的消費結構帶來了很大的變化。很大的變化帶來了生態結構的改變，也帶來了新的生態位。老品牌，可能由於過去在投放路徑上產生了依賴，當新東西出現之後，它一時半會兒轉不過身來。而這時，因為投資人具有戰略眼光，能看到趨勢，能捕捉到機會，新品牌衝出了賽道。當然，也有一些人，可能僅僅因為運氣好，撞到了一個生態位上。但無論何種原因，這個時候，最有機會成就新品牌。

這就是黃海與三頓半的故事：投資人看準了賽道，創業者擁有產品洞察力，堅持互動文化和創新精神，譜寫出了一個精

採的獨角獸故事。

後來，我問黃海：「就像你曾經看好咖啡行業，你覺得下一個賽道是什麼？下一個衝出來的公司長什麼樣？」

黃海舉了三個例子。

第一個例子是中式滋補品。

中式滋補品與西式保健品之間有一個很明確的區別。西式保健品更像藥片、藥丸，中式滋補品則與食材相關，講究的是食補。黃海說，在這個領域，產品形態有很大的創新空間。比如，要吃花膠，往往需要提前48小時浸泡，把花膠泡開了才能去燉。這不是年輕人願意承受的時間，他們也不願意花心思去做這樣的事。但這反而帶來了一個機會點：如果有公司能把它年輕化，讓吃花膠這件事變得更便捷，就能挖掘出很大的市場空間。

還有一個機會點是朋克養生[23]，也就是邊作死[24]邊養生。滋補品可能不只是中老年人會消費，現在越來越多的年輕人也感興趣。這不是一個憑空創造出來的需求，一直有傳統公司在做，但傳統產品形態和現在的新用戶不夠匹配。

用戶年輕化，產品形態創新，能更好地利用社交媒體、新通路，有這幾種特質的行業，值得用新消費的邏輯去重新塑造

---

23 編注：網絡流行語，指的是當代青年的一種，一邊作死一邊自救的養生方式，也是一種作死不忘養生，又嗨又喪的生活方式。（參考自百度）
24 編注：找死、自尋死路。

一遍。

第二個例子是首飾和配飾。

在黃海看來,這個行業有一個特點就是特別大且特別分散。幾千億元的市場規模說明市場需求是巨大的,不用重新創造需求。分散說明在這一領域沒有特別大的新品牌。雖然也有像周大福、施華洛世奇、潘朵拉這樣的傳統企業,但方法和通路都比較傳統。

其實,首飾和配飾與這兩年新消費領域最盛行的一個方向——化妝品有異曲同工之妙。化妝品行業已經有很多公司發展起來了,像完美日記。化妝品行業為什麼能出現新品牌呢?這是因為越來越多的大學生、中學生開始化妝了,這已經成為一種生活方式——新人群有了。這一行業還出現了視覺化的互動方式,比如像李佳琦[25]賣口紅這種直播方式——新通路也有了。這樣,新產品的機會就出現了。首飾、配飾也是一樣。

第三個例子是家具家居。

咖啡、滋補品和首飾都是「高頻、輕決策」的,消費者看完小紅書,馬上「種草」,馬上買。家具家居卻不同,它是「低頻、重決策」的。消費者很少會在被「種草」了以後第二天就買,這種情況幾乎不可能發生。

為什麼這個行業值得關注和思考呢?因為投資人要往前

---

25 編注:直播銷售員,因其廣受歡迎而成為中國網路紅人。(參考自維基百科)

看。回到人群消費的生命周期這個點來看，95後現在年齡最大的已經超過26歲了，有些人可能已經結婚生小孩了，未來會有越來越多的95後建立家庭。他們在家具家居的審美風格和產品需求上跟上一代人大不相同，代溝差異足夠明顯。這種新人群和老人群區別越大的行業，用新消費品牌去重新塑造一遍的可能性就越大。

同時，線下家具賣場這個通路也比較傳統，已經越來越難激發購買欲，這是這個行業的痛點。

行業痛點大，改造難，低頻、重決策……這幾個因素疊加在一起，帶來的是新的機會點。未來幾年裡，這個賽道上一定會有新消費的公司衝出來。

早在2015年，整個創投圈還處於投移動網際網路的熱潮中時，黃海就開始從事消費投資，關注新消費。現在，新消費變熱門，而他投的三頓半和其他一些項目早已衝出賽道。

誰占領了用戶情緒，誰就占領了用戶錢包

在新消費時代，消費領域正在發生一些非常重要的變化。比如，以前我們買東西，更關注商品的功能、性價比，但現在，越來越多的人為「喜歡」買單，為「熱愛」買單。比如，奢侈品那麼貴，還有那麼多人排著大長隊去搶購。比如，在平安夜，一個蘋果居然可以賣到十幾元。比如，我們公司有喜事，會點喜茶慶祝。

其實這些購買行為的變化，有一個非常重要的因素──情緒價值。

有一次，我碰到百勝中國的高管，我問他們：「最近生意怎麼樣？」他們說：「最近一段時間必勝客的生意更好了。」

百勝中國經營的品牌有很多，包括肯德基、必勝客、小肥羊、黃記煌……它們的生意也一直不錯，但是，為什麼那段時間必勝客的生意更好了？原因你可能想像不到。當時臨近中考、高考，很多父母都帶著孩子去吃必勝客，因為他們希望孩子「必勝」。必勝客提供了一種情緒價值，寄託了親朋好友對考生的祝福和期待，就像中秋吃月餅祈求團圓一樣。

所以，產品的情緒價值到底是什麼呢？

你一定有過這樣一些時刻：看了一部溫情的電影，感覺自己得到了撫慰；心情不好，你打開App點了炸雞和奶茶，在享

受美味的過程中得到了治愈;買到一款很有設計感的衣服,你心情愉悅,朋友看到後也都誇你有品味,好心情持續了很久;你是某奢侈品牌的忠實用戶,最近買到了最新款,它讓你與眾不同,收穫了極大的滿足感……

其實,在購買這些產品時,用戶最在乎的不是產品的功能價值,而是因為擁有這款產品而收穫的愉悅、滿足的心情。這就是這些產品在滿足基本功能之外帶給用戶的情緒價值。

你可能經常聽到這樣的話——「喜歡嗎?喜歡就買。」「千金難買我樂意。」當用戶在為快樂、喜歡、熱愛買單時,就是在為產品提供的情緒價值買單。

所以,情緒價值到底能讓人多瘋狂!

美國經濟學家凡勃倫根據這個現象提出了「凡勃倫效應」(Veblen effect),即商品的定價越高,越能暢銷。比如,款式、材質差不多的服飾,在普通的服裝店可能只賣100元,但進入大商場的櫃檯後,會賣到幾百元,卻有更多人願意買。1.88萬元的眼鏡架、8.88萬元的紀念表、188萬元的頂級鋼琴……人們之所以願意買這些「更貴」的商品,是因為這些「更貴」的商品為用戶提供了一種情緒價值,滿足了用戶炫耀的心理。

有人特別喜歡一個品牌,是因為它感性的品牌故事,比如礦泉水品牌百歲山;也有人喜歡的是品牌背後的設計,比如LV包包經典耐看的圖案、GUCCI時裝的性感奢華,會讓擁有

它們的人看起來很有品味;還有人喜歡品牌帶來的滿足感,比如LV的包、Burberry的圍巾,有了那些經典的標誌,別人才知道你用的是大牌。

那怎麼做才能讓你的產品擁有更高的情緒價值,讓用戶更願意為它付費呢?

1.創造能讓用戶認可情緒價值的場景

我和賈偉老師曾經進行了一場直播對談,聊到他們為海底撈做的自煮火鍋。自煮火鍋很重要的一點在於能為用戶提供情緒價值,是一款解決孤獨的產品。

我們來看一個場景:你想吃火鍋,但一個人去火鍋店又顯得很孤獨,怎麼辦?在家來一份自煮火鍋,一邊刷手機,一邊看電視,一邊吃火鍋。不僅不孤獨,還很享受。

所以,自煮火鍋設計出來後銷量特別好,現在已經成了火鍋行業的一種潮流,拯救了很多「都市宅人」。

自煮火鍋的成功就是因為找到了一種可以治癒用戶孤獨的場景。用戶願意為自煮火鍋付費,其實有一部分原因是,在這個場景下願意為它提供的情緒價值付費。

2.持續不斷地為用戶提供情緒價值

基於盲盒經濟的泡泡瑪特就享受了情緒價值的紅利。泡泡瑪特盲盒帶給用戶的情緒是持續不斷、層層遞進的。

我們看看用戶購買盲盒的過程：最開始，在購買盲盒前，用戶滿懷期待，因為不知道會買到哪一款，會有怎樣的收穫。然後，用戶想，不管了，「賭」一把吧，於是就會產生一種未知帶來的興奮和刺激感。接著，打開盲盒，抽到的正是想要的，滿懷驚喜。因為這種未知的刺激體驗，用戶才會產生購買行為。

萬一「賭」錯了，沒抽到自己喜歡的玩偶，不甘心，怎麼辦？再買一個吧，反正也不貴。於是就產生了回購行為。

隨著回購次數的增加，終於集齊了一整套，用戶會感到滿滿的成就感。看著滿滿一櫃子玩偶，拍照發個社群吧，來自社群的評論又滿足了他們炫耀的需求。

因為盲盒認識了一群盲盒愛好者，這時候，它又成了社交貨幣，滿足了用戶的社交需求。

泡泡瑪特並不滿足於好看的皮囊，還追求有趣的靈魂。比如它和博物館合作，在內容上做文章，這可能又會給用戶帶來「有眼光、有品味」的優越感。

就這樣，泡泡瑪特透過打造個性化的產品，不斷為用戶提供情緒價值。

3.提供穩定的情緒價值

提供穩定的情緒價值很重要，我們來看兩個場景。

2011年，經過400多個日夜的奮鬥，小米第一代手機誕

生。在北京798藝術區，身穿牛仔褲、黑色T恤的雷軍宣布了小米手機的價格。話音未落，背後的大螢幕上出現「1999元」的特大號字。台下觀眾群情激昂，發出陣陣歡呼。在雷軍說完手機定價後，所有人自發起立鼓掌足足3分鐘。

2020年2月13日，因為新冠肺炎疫情，發布會改為線上舉行，雷軍一個人講了將近2小時。如果你不是米粉，你可能會覺得這2小時冗長又無聊。但這次直播的效果非常好，發布會結束後，小米股價飆升，發布會第二天，小米10獲得單日單品銷量、銷售額雙料冠軍。

相隔近10年，米粉為什麼還這麼有熱情？因為小米在持續、穩定地給粉絲提供「參與感」這種情緒價值。小米有很多激發用戶參與感的方式，比如小米的「100個夢想的贊助商」、「橙色星期五」、「紅色星期二」、線下活動「爆米花」、每年公司慶典「米粉節」等。

10多年來，小米一直在為用戶提供穩定的情緒價值。因為一旦無法提供穩定的情緒價值，用戶就有可能會「脫粉」。提供穩定的情緒價值很難，但很重要。

新消費時代，一款產品占領了用戶的情緒，也就占領了用戶的錢包。一款好的產品，應該能給人撫慰和感動，這樣才能走得更遠，走得更久。

一切商業的起點，是讓消費者獲益

新消費時代正在到來，有一些有先見之明的人已經抓住了這個機遇。但是，在這個新時代，我想和你重溫一個我認為很重要卻可能略顯枯燥的話題：商業的本質到底是什麼？

在討論這個之前，我想問你一個問題。

作為一名創業者、企業家，你想滿足社會需要，賣出更多產品或者服務，可問題是你的競爭對手、其他創業者或者企業家也這麼想，那你憑什麼讓消費者買你的呢？

要回答這個問題，我們就要搞清楚，我們的產品或者服務和社會、消費者的關係到底是什麼？答案就是交易，是用我們的產品或者服務和社會、用戶達成交易，用我們的時間精力、潛力和公司達成交易。這是商業的本質，是整個商業世界最底層的基石。

為什麼商業的本質是交易？

回到最開始以物易物的時代，我們從最本質、最底層的模式出發來思考，一點一點抽絲剝繭來理解整個商業。

假如說我們家是養羊的，世世代代都養羊；你們家是種大米的，世世代代都種大米。我們家天天吃羊肉，從小到大都在吃，各種烤羊肉串、燉羊肉鍋，等等。你們家的大米就更神奇了，可以做米線，煮米飯，做壽司。久而久之，總有一天我們

都會吃膩的。雖然大米很好吃,但是能不能換一點其他的?你一定會動這個念頭。

在你動這個念頭之前,你們家的大米做出來的各種各樣的米飯、米粥、米線,這些是商品嗎?不是。因為你做得再好吃,只要是為你自己服務的,就不叫商品。

只有只用來交易的東西才叫商品。拿我們家的羊肉去換你們家的大米,這才叫作商業。所以我們研究的所有問題,其實本質上都是圍繞著交易展開的。

經常有人說,西方是商業文明,而中國是農耕文明。那麼,西方的商業文明是如何發源的呢?很多人說是起源於希臘的商業文明。

得到的李筠老師在他的「西方史綱50講」中提到,希臘這個地方沒有大河灌溉,而且丘陵跌宕起伏,氣候又會引起周期性歉收,所以古希臘的穀物實在沒法保證自給自足。既然這樣,與其再怎麼努力都達不到及格線,那不如另闢蹊徑:糧食不能自給,又必須得有,那就只有透過交換來獲取。古希臘連吃飯這個最基本的問題都只能靠交換、靠商業來解決,所以李筠老師說,古希臘的商業文明是被逼出來的。

無論是我們一直吃大米、吃羊肉吃膩了,還是沒辦法,被逼的,我們最後都會拿著我們的物品和其他人交換,各取所需。而一旦有了物品的交換,我們也就有了商業。

所以說,商業的本質是交易。

而只要交易就會涉及一個問題：我用一頭羊換你多少米？

這個時候就需要給這些物品定價。最初的時候，沒有所謂的「定價」這個概念，但是，隨著換的東西越來越多，人們就需要思考更多了：如果一頭羊可以換50千克大米，羊和米之間形成比例關係，那麼羊肉和小麥怎麼換？羊肉和牛肉怎麼換？牛肉和小麥怎麼換？小麥和大米怎麼換？

這時彼此之間的交易關係就變得更複雜了，怎麼辦？於是我們就發明了貨幣，也就是金錢。有了金錢，我們用於交換的產品就有了價格。

我常說，一切的商業起點，是讓消費者獲益。

作為交易一方的我們，只有想辦法讓對方獲益，他們才會選擇我們。

公司的產品也一樣。既然是和社會、消費者進行交易，那麼消費者為什麼購買我們的產品，而不購買其他家的？這中間當然會有很多複雜的商業邏輯、商業模式等。但最底層的邏輯一定是，消費者買我們的而不買其他家的，是因為買我們的獲益更多。

同樣的質量，我們的價格更實惠；同樣的價格，我們的質量更好；我們能提供其他公司提供不了的功能、體驗。這時，消費者自然會選擇我們。

所以，無論是在傳統消費時代，還是在新消費時代，我們都要遵循商業的本質，堅持最根本的一點：讓消費者獲益。

當你瞭解了我們和社會、消費者是交易關係,也就更能深刻地理解,我們到底應該怎麼做才能把握新消費時代帶來的機遇。

Part 5
Z0世代

只有理解了Z0世代，才能理解未來

2022年，我們即將開始長達14年的「活力老人」時代。但是，看生命線的另一端，2022年還是另一個重要的里程碑：00後畢業了！

2000年出生的孩子到2022年是22歲，正好大學畢業，也就是說，「神獸」們開始上班了，開始賺錢了，開始花自己賺的錢了。從2022年開始，他們會陸陸續續成為你的下屬、你的同事甚至你的老闆。

所以，你必須學會和00後打交道了。

但是，這並不容易，因為有時你連他們說的話都聽不懂。

有一次，我參加一個綜藝節目的拍攝。節目的形式是睡衣趴，這是我第一次參加睡衣趴。流程很簡單，就是大家輪流從盲盒裡抽出一些卡片，然後根據卡片上的提示一起進行討論。主持人易立競從盲盒中抽出一張卡片，上面是四個字母「zqsg」，當時所有人都懵了，不知道「zqsg」是什麼意思。

我知道，不過，我也是拍攝半小時前才知道的。當時，有個小姑娘採訪我，正好問過我這個問題，我回答不知道，她以一種「這你都不知道」的眼神看著我，然後告訴我，意思是「真情實感」。

我當時就震驚了，心想：就算我本碩博連讀，主修拼音，

也猜不出來這是「真情實感」啊！後來，我才知道，我不知道的遠不止這個「zqsg」，比如，「dbq」的意思是「對不起」，「u1s1」的意思是「有一說一」，「awsl」的意思是「啊，我死了」。怎麼就「啊，我死了」呢？不是因為受到了驚嚇，而是因為看到了極其可愛的東西，非常激動。這就是00後的溝通方式，他們是如此不同。

我終於理解了什麼是「代溝」：我在溝的這邊，你在溝的那邊，而溝中間，是那些不是你不懂就是我不懂的語言。

可是，為什麼他們如此不同？

要回答這個問題，我們要首先理解什麼是X世代、Y世代和Z世代。

中國人一般用70後、80後、90後來表示代際[26]，而國際通用的方法是X世代、Y世代、Z世代。

X世代指的是1965~1979年這15年裡出生的人。這一代人經歷了伴隨科技高速發展而生的無所適從，也經歷了經濟危機帶來的無能為力，他們的特徵是迷茫。

Y世代指的是1980~1994年這15年裡出生的人。這一代人生於20世紀，長於21世紀，所以又被稱為「千禧一代」。他們趕上了個人電腦和網際網路的迅速普及，因此形成了與上一代

---

26 編注：「代際」是指兩代或多代之間的關係，意思是指在一個家庭中不同年齡的成員之間的聯繫、接觸和溝通。代際關係是雙向和有互動的；可由年老一代至年輕一代或由年輕一代至年老一代的互動。

截然不同的生活態度，他們的特徵是自信。

Z世代指的是1995~2009年這15年裡出生的人。他們大部分生於21世紀，是數位時代的原住民。因為生活方式發生了質的變化，他們更關注體驗，也更懂得挖掘好的價值和服務，他們的特徵是獨立。

不同世代的人有著不同的性格特點、興趣愛好、交流方式和消費習慣。透過一個小例子我們就能看出這一點。

在網上聊天的過程中，如果表示同意，X世代的人會給對方發「好」，而Z世代的人會發「好的」，表示愉快地同意了；如果表示知道了，X世代的人會給對方發「嗯」「哦」，而Z世代的人會發「嗯嗯」「哦哦」，表示愉快地知道了。

如果不愉快呢？Z世代的人會發「哈」。「哈」基本等同於「無語」。啊？「哈哈」不是高興嗎？為什麼用「哈」表示「無語」啊？這時，Z世代會給你發「哈哈」，意思是：怎麼遇到了一個老年人。

那到底多少個「哈」才代表真的開心呢？6個，「哈哈哈哈哈哈」。如果Z世代給你發了6個「哈」，基本代表他把你當朋友了，他是真的開心，儘管他打這6個「哈」字的時候，很有可能面無表情。

所以，有些公司在員工手冊裡要求和甲方聊天時，如果發「哈」，必須一次發夠6個，不能偷懶。

這就是與眾不同的Z世代。

而我們常說的00後，其實就是Z世代，而且是Z世代的核心力量，所以，我們把他們稱為「Z0世代」。我們必須蹲下來，認真理解Z0世代。只有理解了他們，我們才能理解未來。不是因為他們更理解未來，而是因為他們就是那個未來。不是因為他們更理解時間，而是因為他們就順著時間向我們走來。只有和他們做朋友，我們才是時間的朋友。

那麼，怎麼理解Z0世代呢？

在這裡，我想教大家9個底層邏輯。你掌握其中任何一個，都能在實際場景中演化出無數的具體方法，打開Z0世代年輕人的心門。

我把這9個底層邏輯，提煉為9個關鍵詞：富足、感性、顏值、愛國、獨立、養寵、懶宅、養生、意義（見圖5-1）。

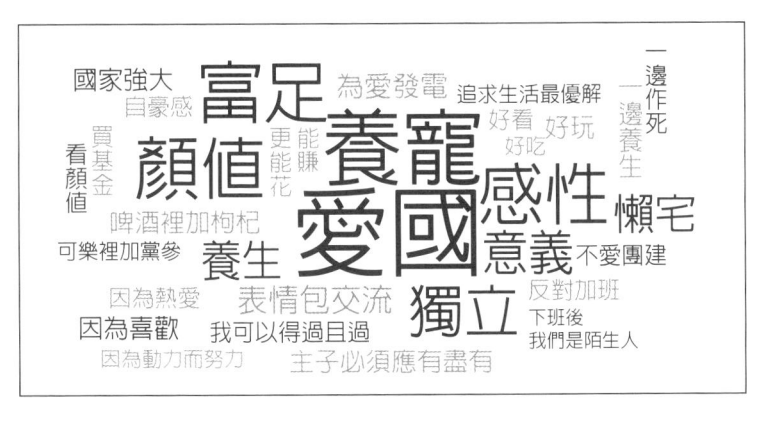

圖5-1 理解Z0世代的9個底層邏輯

9個底層邏輯讓你理解Z0世代

1.富足

「富足」是Z0世代的第一個關鍵詞。

我小時候，家裡很窮。上地理課，地理老師說下節課要帶地球儀，我就帶著「聖旨」回家要錢，去買了一個地球儀。那個地球儀花了8元，為了這8元，我被父母打了一頓。因為當時我父母一個月的工資才20多元。我們這一代人，內心的底色是貧瘠。所以，如果我去肯德基打工，有人向我要餐巾紙，我一定不會一下子給他一大疊。我會看他們有幾個人，如果是兩個人，我就遞兩張給他。

但是Z0世代不一樣。他們從來沒有經歷過貧窮的年代，他們內心的底色是富足。

根據騰訊的調查，Z世代的人均可支配收入在2019年時就已經達到每月3501元。而同期，全國人民的人均可支配收入為每月2561元，城鎮居民的人均可支配收入為3530元。而作為Z世代中更年輕的一部分群體，Z0世代的年輕人比我們年輕時有錢。

青山資本在2021年中消費報告《Z世代定義與特徵》中，形容Z世代沒「見」過錢。因為當他們開始消費的時候，線上

帳戶、線上支付、線上轉帳已經開始流行。到如今，收付款、儲蓄、投資乃至消費，都可以在手機上完成。對於Z世代而言，「錢」等於「數字」，只知道越多越好，但是並沒有實物感，也感受不到「沉甸甸」或者「空扁」的錢包意味著什麼。

正因為對他們來說錢就是一串數字，因此，Z世代的消費觀念與上一代人大不相同：「他們可以為在乎的事情花大量的金錢，比如喜歡的遊戲，可以一次性儲值上千元。雖然Z世代也會計畫買房、結婚、生子，但對這些事情的預期時間相比Y世代整體後移，可能是十幾二十年後的事情，所以個人需求和願望更加突出，消費更多集中在自己身上。」

青山資本還對Z世代的賺錢方式進行了總結：「雖然Z世代大多尚未步入職場，但網上有太多兼職賺錢的方式，內容創作是最主要的。影音網站上的兼職推薦影音層出不窮，且能夠充分與專業和興趣相結合。包括專業技能類的翻譯和向訂閱號投稿；興趣類的配音、翻唱、詞曲製作、設計表情包和圖片素材；線上教育類的家教兼職；等等。」

Z世代如此，Z0世代更是如此。他們能賺，敢花。

2.感性

「感性」是Z0世代的第二個關鍵詞。

一件商品的價值，有理性的使用價值部分，也有感性的情感價值部分。理性價值約等於「功能」，比如，一個產品有沒

有用,好不好用,便宜不便宜。但是感性價值就豐富了,衡量它的標準有很多,比如好看嗎?有趣嗎?會讓別人羨慕嗎?別人也有嗎?感性價值約等於「我喜歡」。

與Y世代相比,Z0世代的消費往往更加感性,他們願意為自己的熱愛傾注感情。彙聚了大量Z0世代的B站[27]的董事長陳睿說:「他們對於自己喜歡的東西、追求的東西,是非常感性的。他們是有著非常強的興趣驅動,有著非常強的粉絲行為驅動的群體。」

對年輕人來說,表達感性的最好方式是表情包。文字是理性的,但表情包是感性的,是跨語言的,是純粹的情緒。

3.顏值

「顏值」是Z0世代的第三個關鍵詞。

1999年我剛來上海的時候,吃到一種冰磚叫「光明冰磚」,當時我有一種驚為天人之感,連連感慨「太好吃了」。而且這種冰磚特別便宜,只賣2元,現在雖然貴了,價格也不過在4元左右。

而現在的孩子喜歡吃的某品牌的雪糕,基礎款的售價就是16元一根。還有一些口味,居然能賣到60多元一根。的確不便宜。但為什麼這些年輕人願意買單?因為它好看,獨特的造

---

[27] https://www.bilibili.com/

型、特立獨行的包裝,而且每一根雪糕棍上都有一句有趣或貼心的話,讓人心情愉悅。

Z0世代從小就學音樂,學美術,學舞蹈,學習各種藝術,他們對藝術、對美有著天生的追求,他們需要有美感的產品,很多人甚至會開玩笑說「顏值即正義」、「漂亮是第一生產力。」

這時,如果你能生產出質量不錯還特別有藝術感的產品,它們一定會大受Z0世代的歡迎。

2020年的7月,我陪同「問道中國」的企業家學員們一起參訪了貓王收音機。貓王收音機現在年銷量已達300萬台,銷售額超過3億元,這對一家創立5年的公司來說,是一個很不錯的成績。

是什麼讓貓王收音機一步一步從一家小工作坊走到了今天?其中一個重要的原因就是高顏值。

貓王收音機的團隊不但有著非常扎實的聲學背景,團隊裡的成員在設計、藝術方面也有非常高的天賦。簡單地說,貓王收音機的創始團隊是一群有美感的人。他們擁有一種其他創業團隊不具備的能力,那就是能把大規模量產的工業化產品做得非常有藝術感。很多年輕人購買貓王收音機,都是因為被它的顏值打動,喜歡它體現出的那種復古懷舊、浪漫的生活情調。

其實,就從「美」這一件事上,幾乎所有的產品都可以重來一遍,因為美是無止境的。

4.愛自己的國家

「愛國」是Z0世代的第四個關鍵詞。

我第一次喝可樂是在中學的時候。那是別人送的「禮」，一瓶可樂、一瓶雪碧混在一起，像茅台一樣送到我家來。當時我喝可樂的感覺，也確實像是喝茅台。抿一口，一口氣竄上來，打個嗝兒，所有的熱氣都被帶走了，讓人忍不住在心裡歡呼：太爽了！因為太珍貴了，所以都捨不得一下子喝完。

在當時那個年代，國際品牌的產品相對於國貨是有很大的勢能差的。「進口的東西就是好」，這種認知曾經像用光刻機刻在我們的頭腦中一樣。但是，這一代年輕人完全沒有這樣的記憶。他們長大時，國家已經強大。所以，Z0世代天生愛國。青山資本在2021年中消費報告《Z世代定義與特徵》中總結：

「Z世代的年輕人對新一代中國人身分的理解，和以前不一樣了。『復興』的進程真切地發生在他們的身邊，個體的生活問題總會在更宏觀的民族和文化自信中被消解。2008年奧運會，新中國成立60周年、國產航母下水、新中國成立70周年、中國抗疫後的領先復甦、中美經貿摩擦、中印邊境衝突等，都為Z世代帶來了自信。自信的基礎一方面是中國實實在在的經濟和文化發展，另一方面則是在各種困難發生的時候青年們展現出的不畏懼困難的奮鬥心態。Z世代民族自信感較強，對國貨不易產生偏見，是這一代人性格形成時獨有的環境造成的。

如今中國人均GDP超過1萬美元的經濟基礎，更是未來自信的起點。」

5.獨立

「獨立」是Z0世代的第五個關鍵詞。

80後是中國第一代獨生子女，00後可能是最後一代。00後這一代獨生子女，接受了更好的教育，他們的內心更強大，更獨立。這種獨立性最直接的展現就是不喜歡聚會。

脈脈App做過一次關於公司聚會的調查，對「你會參加公司的聚會嗎」這個問題，21.57%的90後選擇參加，但是95後和00後（也就是所謂的Z世代）只有10%的人選擇參加。

所以，和00後相處的時候儘量別對他們說：「周末我們去聚會，增進一下感情。」對Z0世代來說，增進感情免談，他們更願意和同事保持純粹的職場關係，下班後，最好彼此是陌生人。

那Z0世代對加班抱著什麼樣的態度呢？我特別好奇。於是請脈脈的同學幫忙調查了一下80後、90後、00後對「996」的態度。80後有31%反對加班，其他69%的態度是無所謂，看情況，給夠錢就加。而95後呢？超過50%的人明確反對加班，即使給錢也不願意加班。

6.懶宅

「懶宅」是Z0世代的第六個關鍵詞。

00後還有點「懶」。如果「懶」這個字聽上去有些負面的話,我們不妨換個詞,把「懶」換成「尋找生活的最優解」。

對Z0世代來說,宅著是比出門更優的解,坐著是比站著更優的解,躺著是比坐著更優的解。衣食住行,能懶則懶,懶得社交,懶得點贊,懶得戀愛,懶得出門。這非常「碳中和」(Carbon Neutral)。

所以,他們買空調要買免拆洗的空調;買洗衣機要買帶烘乾功能的,最好烘乾後還能把衣服燙平;買掃地機器人要買能拖地的,最好還能自己倒垃圾,自己洗拖把,自己換掉髒水。

未來的智慧家居有沒有前景,我不知道。但是,懶人家居一定前途光明。

那什麼事都讓機器人幫你做了,你幹嘛呢?養個寵物。

7.養寵

「養寵」是Z0世代的第七個關鍵詞。

我小的時候,家裡也收養過流浪狗,我養狗的心態是:跟著我混,有我一口飯吃,就不能讓你餓著。但是00後不一樣,他們的心態是:我可以得過且過,但「主子」必須應有盡有。

根據艾媒諮詢發布的《2018~2019中國寵物食品產業研究

與商業投資決策分析報告》[28]，中國養寵用戶在寵物食品上花的錢只占養寵物總花費的34%左右。

34%是什麼概念？恩格爾係數（Engel's Coefficient）（指食物支出在所有支出中的占比）表明，如果60%以上的支出花在食物上，這個家庭基本上是貧困的；50%~60%，是溫飽；40%~50%，小康；30%~40%，富裕；低於30%，特別富裕。所以從這個角度來看，中國的一部分寵物已經比主人更早過上了富裕的生活。

而在寵物食品支出中，寵物保健品的支出占46%，超過了主糧（36%）。這意味著，中國的寵物早就不追求「吃得飽」了，它們的追求是「膳食均衡」。

我的朋友傅俊老師，人稱「傅師傅」，是一位美食家，我想，我們倆是不是應該一起研究寵物美食，這可能比研究人類美食更有機會。

還有寵物用品。00後的寵物比00後自己提前消費升級了。這種消費升級體現為LV的狗項圈、Versace的狗床，還有為寵物定製的健身、上學、相親、攝影、保險甚至火化服務。

你對美滿人生的理解可能是「兒女雙全」、「四代同堂」。而Z世代對美滿人生的理解可能是「貓狗雙全」、「貓慈狗孝」。

28　https://www.iimedia.cn/c400/63372.html

8.養生

「養生」是Z0世代的第八個關鍵詞。

有一次，我去拔牙，醫生幫我打了一針麻醉藥，可我還是覺得疼，醫生只好給我多打了一針。我兒子小米問醫生怎麼回事，醫生說，大概是平常喝咖啡的緣故吧。從那一刻起，小米就下定決心：此生絕不喝咖啡，以保持對麻藥的敏感。

這一代年輕人特別惜命，特別養生，但是，他們養生的方法和老一輩不一樣，他們的養生叫「朋克養生」。所謂「朋克養生」，就是用最貴的眼霜，熬最長的夜；啤酒裡面加枸杞，可樂裡面加黨參。這是一種一邊作死一邊養生，一邊養生一邊熬夜，一邊熬夜一邊祈禱自己不要死的養生方式。

它的核心其實不是養生，而是減少罪惡感，是告訴身體：你看，該做的我都做了。

9.意義

「意義」是Z0世代的最後一個關鍵詞。

網上曾經流傳一個段子，說不同年齡層的人為什麼離職，80後是「收入更高我就離職」，00後是「主管不聽話就離職」。

真的是這樣嗎？

脈脈專門做了調查後發現，51%的00後離職的原因是「與同事、主管關係不融洽」。看來，那個段子是真的。

越來越多的00後，不是為了錢而工作。對他們來說，錢當然重要，但是，他們工作首先是因為熱愛，而不是哪裡錢多就去哪裡。對熱愛的重視程度，00後比90後明顯要高，而同時，對錢的重視程度，00後比90後明顯要低。

Z世代工作，不是被缺錢的焦慮驅動，而是被意義的動力驅動。武志紅老師說：「焦慮，是一種死能量。動力，是一種生能量。」Z世代獲得的是一種生能量。

人生並不只有兩種選擇：因為焦慮而奮鬥，或者因為焦慮而躺平。人生還有另外一種選擇，就是出於熱愛，出於真心，出於喜歡，出於內心的動力而努力。

這就是理解這一代年輕人的9個底層邏輯。

Part 6
流量新生態

流量生態的第一次打通是線下和線上的打通

Z0世代是我們必須學會打交道的人，我們再來認識一下在新時代我們必須學會打交道的事。

什麼事？如何打通正在變化的流量新生態。

這個世界上只有兩種生意：產品生意和流量生意。產品生意是把東西做出來，流量生意是把東西賣出去。

在以線下交易為主的傳統時代，流量生意相對簡單，就是選好地段，開門迎客，因為每天進來的人流是相對固定的。但是到了網際網路時代，流量像從固態變為了液態，有時流得慢一些，有時流得快一些，但從不停止。

最近，流量的流動變得有點快。

有一家餐館叫太二酸菜魚，如果你去這家餐館吃飯，最好先學會一項技能——「對暗號」。你走進店裡，坐下來，點菜。如果服務生對你說「讓我們紅塵做伴」，你不要緊張，保持鎮靜，回答他「吃得瀟瀟灑灑」，然後再做一個動作。這時，服務員會說「自己人」，然後就會送你一份「自己人」專享的小菜。

你一定會感到驚訝：還有這種事？我怎麼成為他們的「自己人」？

你需要加入一個叫作「太二宇宙基地」的群組，這個基地

其實就是太二酸菜魚的粉絲群。他們每個月都會在這個群裡發布本月的暗號。有了這個暗號，粉絲去店裡吃飯時就能領取一份專屬的小菜。

我想，聰明如你，立刻就會明白，太二酸菜魚是希望用這個很有「專屬感」的福利維護粉絲的黏性，然後吸引他們不斷到店消費。

但是，這招真的有用嗎？

太二酸菜魚統計過，2020年，透過「對暗號」，他們一共送出了15萬份小菜。按照他們的平均客單價88.4元來計算，這個有趣的暗號，為他們帶來了1300多萬元的收入。

太二酸菜魚並不是唯一一家這麼做的餐廳。現在，越來越多的機構開始嘗試建立自己的「基地」，一股暗流開始洶湧流動，我把這股暗流叫作「流量生態的第二次打通」。

要理解流量生態的第二次打通，那你就要首先理解什麼是第一次打通。

在過去很長一段時間裡，我們是在線下做生意的，隨著網際網路的發展，我們又開始在線上做生意。不管在線下還是在線上做生意，我們都需要一個基礎的資源，這個資源就是流量。

流量生態的第一次打通是線下和線上的打通。

中國的商業地產界有一句老話，叫「一鋪養三代」。意思是說，買商鋪是一個非常好的投資，靠租金就可以使祖孫三代

不愁吃喝。可是,你換個角度想:這三代不愁吃喝的錢,是誰出的?是租客。但租客的錢又是從哪裡來的?消費者。最終,是消費者在養著這個商鋪背後的祖孫三代。

把「一鋪養三代」翻譯成網路的語言,就是「線下流量成本高」。

後來,網際網路出現了。大量用戶湧向網路,有人用它來查資料、看新聞,有人用它來聊天。再後來,淘寶出現了,賣東西的人也來到了網路上。但這時,網路上買東西的人多,賣東西的人少。所以,天下當然沒有難做的生意。

把「天下沒有難做的生意」翻譯成網路的語言,就是「線上流量成本低」。

線下流量成本高,線上流量成本低,這時,流量生態的第一次打通正式開始,海量的賣家從線下蜂擁到線上。

2012年,在CCTV中國經濟年度人物頒獎典禮上,馬雲和王健林同台領獎。在臺上,王健林說:「中國電商,只有馬雲一家在盈利,而且占了95%以上的份額。他很厲害,但是我不認為電商出來,傳統零售通路就一定會死。」馬雲回應說:「我先告訴所有的像王總這樣的傳統零售一個好消息,電商不可能完全取代零售行業。同時告訴你們一個壞消息,它基本會取代你們。」

在電商剛剛興起時,電商商家的對手是傳統零售。電商對傳統零售是結構對結構的衝擊、線上對線下的衝擊、新物種對

舊物種的衝擊。交易結構的鏈條大規模縮短，去掉了很多中間環節，效率大大提高，電商擁有碾壓性的優勢。外加淘寶、天貓、京東等電商平臺的大力宣傳，電商吸引了大量的流量。

初期，做電商的商家少，大量的流量分給少量的商家。很多商家分到的線上流量都要比線下的多，獲客成本（Customer Acquisition Cost, CAC）[29]較低。所以，電商有一個很大的流量紅利期。這個紅利，是超優性價比，是獲得「流量」的價格優勢和可能性。很多人之所以成功，是因爲吃到了這波「流量紅利」，有意無意踩中了風口。

可是，過了一段時間，大家都意識到做電商有利可圖，就都到網上賣東西。這時，如果你開一家新網店，你會發現，透過用戶搜尋免費分到的流量，已經不能支撐你的生意了。

一部分流量紅利消失了。

但是整個大**趨勢**的紅利消失，還不是出於這個原因。淘寶有個競價排名的淘寶直通車，其實就是用更高效的手段抹掉網店的流量紅利。比如，你在淘寶直通車買「關鍵字」，發現有人跟你競爭，你就會出更高的價格來買這個關鍵字，直到這個「更高的價格」讓你再也不能承受爲止。這時，大部分靠流量紅利賺的錢都被平臺拿走了。你能享受的流量紅利幾乎被抹平。

---

29 編注：指促使一位客人消費，所有預計成本的總和。（參考自 https://reurl.cc/MOD0Dk）

薛兆豐老師說:「供需關係決定商品價格,商品價格決定資源成本。」當線上的賣家瘋狂增長,而買家卻增長緩慢時,擠破頭的賣家必然會不惜成本地搶奪一個資源——平臺流量。競爭越來越激烈,流量就成了稀缺資源,越來越貴。這就好比北京二環內、黃金地段的房子數量是有限的,但買房的需求還在不斷增長,供不應求,所以這些地段的房價不斷上漲。當獲取流量的成本越來越高時,流量紅利就消失了。

紅利是什麼時候消失的?

2015年2月,《經濟參考報》的記者從阿里巴巴舉辦的培訓班上獲悉,當時淘寶集市店有600多萬個賣家,真正賺錢的不足30萬個,僅占5%;天貓商城店有6萬多個賣家,不虧本的不足10%。

2015年,線上流量成本就已經漲到很高的價格。有贊創始人白鴉和我說過一個案例:淘寶上有一家皇冠級女裝店,產品成本占30%,行銷成本占30%,人員辦公等成本占12%,看上去毛利大於20%。但是在行銷方面,如果商家為了獲取流量而做廣告的話,成本會再增加10%。因此,綜合下來,行銷成本超過40%,產品毛利只剩下10%左右。扣除物流等其他費用,商家幾乎沒有淨利潤。這時的傳統電商,已經「淪為」傳統零售。

2016年,馬雲和雷軍幾乎同時提出了「新零售」的概念。這意味著電商要回到線下,重新找性價比更高的流量。

2020年,不少商家的體會是,三四線城市的下沉市場紅利也基本被挖掘釋放出來了。

在紅利期,「天下沒有難做的生意」;紅利期一過,「天下就沒有好做的生意」。線上線下的流量成本趨於一致,流量生態完成了第一次打通。

做私域，本質上就是把公域流量私有化

很多人不停地思考，如何才能找到更便宜的，可以反覆使用的流量？

這時，就有了流量生態的第二次打通，也就是公域和私域的打通。

「私域」是近年來非常流行的一個詞，那麼，到底什麼是私域？

我想從劉慈欣《三體》裡的一個故事開始講起。

在這本小說的最後，在太陽系已經坍縮到二維世界甚至整個宇宙都要坍塌的時候，雲天明送給程心一個小宇宙。在這個小宇宙裡，有田野、幾幢白色房子，還有幾棵樹。雲天明希望程心在宇宙坍縮，所有文明都被不可避免地毀滅後，仍然能在這個小小的宇宙裡活下去，等待新宇宙的誕生。這就是雲天明作為一個理科直男的浪漫。

如果我們把整個宇宙比作公域的話，那麼送給程心的這個小宇宙，就是雲天明在公域（整個宇宙）裡挖的一小勺私域（小宇宙）。

私域就是你擁有的，可重複、低成本甚至免費觸及的場域。比如，你的微信公眾號（以下簡稱公眾號）就屬於你的私域，每天你都可以免費發一次推文，觸及訂閱你公眾號的讀

者。所以，雲天明送給程心的小宇宙，在一定程度上來說就是程心的私域，她可以在那裡隨心所欲地過著田園生活。

與私域相對應的，是公域。

「我」以外的都是公域。公域是以「我」為第一視角的概念。比如，你的公眾號是你的私域，整個微信的10多億用戶是你的公域。

可你認識的那個老劉，他也有一個公眾號，他的公眾號是私域嗎？老劉的公眾號是老劉的私域，是你的公域。因為老劉的公眾號屬於老劉，不屬於你，在你之外。

你在線下租店面開了一家店，每天店門一打開，就有人登門，這是你的私域嗎？不是。這家店面不屬於你，你為了擁有這些每天開門營業就有人登門的流量，每月要付租金。所以，這對你來說也是公域。

公域可以分為付費公域和免費公域。付費公域就是如果你想從這裡挖流量，你得花錢。比如，線下開店，你想從門店挖流量，那你就得付租金。而從免費公域挖流量，顧名思義，則不需要花錢（或者花很少的錢）。比如，你經營一個公眾號，持續輸出高價值的內容，最終讓認可你觀點的人在社群轉發、推薦，這其實就是在用裂變的策略在免費公域（朋友社群）挖用戶。

舉個騰訊旗下公域的例子。

與騰訊的朋友交流，他們問我：騰訊的四大公域屬於付費

公域還是免費公域？

騰訊的四大公域是廣告公域、內容公域、微信公域和線下公域。具體來說，廣告公域就是騰訊平臺的所有類型的廣告；內容公域，就是公眾號KOL（關鍵意見領袖）、直播、長影音或短影音等；微信公域是指搜一搜、看一看、影音號等；線下公域指的是線下購物的掃碼添加企業微信、添加購物車導購等方式。

廣告公域和線下公域都需要付費才能獲取流量，因此都屬於付費公域。而內容公域和微信公域則更傾向於免費公域。以公眾號為例，只要「我（企業自己）」內容做得好，更多的讀者願意分享、轉發，點「在看」，那麼「我（企業自己）」在這兩個免費公域裡就能獲取更多的流量。

私域和公域，其實是相對的。我們這個星球上有70多億人口，這70多億人就是地球的私域。不過，這個私域對地球上所有國家或地區來說卻是公域。中國、美國、日本、德國等兩百多個國家或地區，透過出生、死亡、移民甚至戰爭的方式，從這70多億人裡拉新、留存、促活[30]，最終從70多億的公域流量[31]裡挖出了屬於自己的私域流量，現在，中國的私域是14億

---

30 編注：拉新——找到新用戶，促活——把新用戶留下來，留存——把新用戶變成老用戶。
31 編注：公域流量指的是通過搜索引擎、社交媒體、廣告等途徑進入網站的訪客流量。私域流量（Private Traffic）泛指企業能自主掌控的流量，一般來說獲取私域流量的管道，具有一定程度的封閉性。

多人，美國的私域是3億多人，日本的私域是1億多人。阿里巴巴、騰訊、今日頭條、快手、B站等紛紛開始在這個公域中構建自己的私域。而阿里巴巴、騰訊、今日頭條、快手、B站的私域又變成了網際網路上創業的公域。

每個人的公域其實都是別人的私域。「劉潤」公眾號賴以生存的公域是騰訊的私域。騰訊賴以生存的公域是中國的私域。中國賴以生存的公域是人類的私域。

每個人的私域都寄生於一個公域，但不再完全受制於公域。一旦構建了自己的私域，不管多少，都有了一種可以重複且免費使用的流量。

理解了什麼是私域和公域後，我們就會發現，人們經常說的「做私域」，本質上就是把公域流量私有化，就是從公域裡把流量一勺一勺地往自己的私域挖。

以「劉潤」公眾號為例。「劉潤」公眾號現在有220萬讀者，這220萬讀者就是我們的私域用戶。這是我們從整個微信10多億的公域用戶池裡，透過持續不斷地輸出商業洞察、管理案例、職場進階等相關內容，聚集到我們這個公眾號來的。

為什麼我們堅持只寫商業洞察、管理案例、職場進階的內容？因為我們要免費且可重複地觸及這部分高價值人群。

企業家和創業者喜歡讀「商業洞察」，企業高管、核心管理層喜歡讀「管理案例」，上進的年輕人喜歡讀「職場進階」，我們堅持數年如一日地只寫這三方面的原創內容，就是

希望把這些人群聚集起來，形成一種規模化觸及稀缺的高價值人群的能力。今天，我們的公眾號擁有的220萬讀者都是稀缺的高價值人群。

過去，要想觸及這個人群可能需要面向900萬甚至9000萬的公域用戶池廣播，成本非常高。但今天，我們用持續的、高品質的商業內容輸出，把這220萬人從9000萬人中挑選了出來，幫助品牌商實現了更低成本的觸及。我們嘗試過為這個群體推薦高端行李箱、會議音箱、商務宴請用紅酒、商用茶禮，受到了特別熱情、遠超正常水平的歡迎。這就是更低成本的、可重複觸及的結果。這就是做私域。

再比如，完美日記、百果園等商家，透過送禮物等讓人加微信、成為會員等做私域的方式，本質也是公域流量私有化，也就是從線下這個公域裡一勺一勺地往它們的私域用戶池挖。就像雲天明從公域（整個宇宙）裡挖一塊屬於自己的私域（小宇宙），然後把它送給程心。這就是做私域的本質。

我們說，流量如水。如果用水打比方，公域流量就像自來水，付費用水，價高者得。你租金出得高，這個店面就是你的。你競價排名出的錢多，這個關鍵詞就是你的。你只有付費，才會獲得用戶。一旦你停止付費，水龍頭就關了。

而私域流量就像井水，打井很貴，但用水免費。比如我們做「劉潤」公眾號，就像打一口井，這其實並不容易，成本特別高。從2018年開始，「劉潤」公眾號每天都要創作至少一篇

高品質的內容，兢兢業業，勤勤勉勉，一天都不敢懈怠。一旦數據顯示沒有給讀者提供價值，我們就要復盤。但是有了這口井，我們就可以每天用文章觸及我們的用戶一次，而且是完全免費的。

　　自來水便宜的時候，你會覺得為什麼要打井？但隨著用水的人越來越多，水價越來越貴，一些人便開始認真思考：買水的這些錢都夠我打口井了，為什麼不試試打口井，建立自己的私域？這就是流量生態的第二次打通。

打通私域與公域的利器：
私有化、回購率、轉介紹

一談到私域，很多人會立刻想起微信。確實，微信特別適合做私域。因為私域是從經營商品和人的關係、內容和人的關係、資訊和人的關係，轉為經營人和人的關係。私域的基本邏輯是社交，而在中國，人與人之間最基礎的社交關係基本都在微信上。

2021年，我非常有幸成為騰訊的商業顧問，由此我認識了很多特別優秀的騰訊員工。而我的主要工作之一，就是和他們一起梳理出各種私域方法論背後真正的底層邏輯。

私域的底層邏輯是什麼？我們說過，私域就是你擁有的，可重複、低成本甚至免費觸及的場域。這句話裡包含著三個要素。

第一個要素是「擁有」。首先，這口井是你的，你用這口井，不用向任何人交錢。其次，不僅如此，如果別人用這口井，你還能收錢。

第二個要素是「可重複」。「可重複」的同義詞是「主動」。客人吃完飯離開你的飯店了，你會說「歡迎再次光臨」，但他究竟會不會再次光臨，你並不知道。他不來店裡，你就找不到他，你很被動。但私域用戶卻是你可以主動觸及

的，比如「太二宇宙基地」粉絲群的本質就是有必要時可以主動觸及。因為主動，所以可以重複。

第三個要素是「低成本」。只有取水免費，打井才有意義，所以，每次觸及的成本越低越好。

這就是私域的底層邏輯。

可是，怎麼才能擁有自己的私域呢？我總結了三個方法：私有化、回購率、轉介紹。

1.私有化

關於私有化，我們可以透過一個案例來理解。山東省臨沂市有一個小縣城叫沂南，縣城常住人口只有約15萬。我第一次聽說這個縣城是從黃碧雲老師那裡，她說這個縣城有一家君悅購物中心，在疫情期間很多購物中心都撐不下去關門大吉的時候它卻活得很好。

君悅購物中心之所以能做到這一點，一個非常重要的原因是它擁有10萬私域用戶。你一定很好奇，這10萬私域用戶是從哪裡來的。其實，君悅購物中心用的都是一些很「土」的辦法。比如，收銀員邀請顧客進群，只要是進群的人就送一個購物袋；售貨員穿著橙色隊服，帶著印有QRcode的大牌子到社區門口擺攤；去人多的地方，找跳廣場舞的阿姨掃碼進群；辦特價促銷活動，進價99元的小米手環只賣9.9元。

就是透過這些很「土」的方法，君悅購物中心在很短的時

間裡就建立了幾十甚至上百個微信群。君悅購物中心因此完成了私有化，把「公域門店」的用戶「私有化」到了微信裡的「私域社群」。

2.回購率

私有化的目的，是用回購率來攤薄越來越貴的初次獲客成本。

私有化之後，君悅購物中心又做了三件事。

第一件事是用開團購建立信任。

有一次，君悅購物中心發現，豬肉漲價後，顧客對牛肉的接受度變得更高了。於是，就讓採購去跟牛肉供應商砍價，想方設法把4斤牛肉的價格壓到了99元，平均每斤牛肉的價格不到25元。然後，透過開團購的方式在群裡提供給用戶。

這個價格是非常實惠的，因此，第一次開團購就取得了很好的效果。因為君悅購物中心是用服務而不是推銷的心態來做團購，所以越做越成功。現在，君悅購物中心的小團大約能達到20萬元的銷售額，大團的銷售額則近100萬元，而團購的轉化率更是高達22%，這意味著，在一個有100個人的群裡，有22個客戶會下單。為什麼？因為信任。

第二件事是用內容降低成本。

有一次，一位顧客說想買好吃的草莓。於是，君悅購物中心的採購馬上去聯繫農場，然後一邊採摘，一邊拍影音。影音

發到群裡後,提需求的顧客馬上產生了很強的被服務感和參與感,而其他圍觀的客戶也會忍不住想買兩斤。後來,君悅購物中心逐漸取消了紙製海報的促銷方式,取而代之的是在群裡分享各種有趣的內容。這些內容不但更有說服力,還為君悅購物中心節約了90%以上的廣告印刷成本。

第三件事是用傾聽改進服務。

有一段時間,君悅購物中心的微信群裡不斷地有顧客問:「你家店裡賣的豆芽是好的吧?」這是怎麼回事?原來有些地方爆出了「毒豆芽」的醜聞,這引起了大家的擔心。在沒有私域之前,這種反饋商場大概是聽不到的。

怎麼解決這個問題?君悅購物中心決定建加工房,自己來發豆芽。君悅購物中心人還給自己的豆芽取了個名字,叫「悅豆豆」,並且把「悅豆豆」的成長過程拍成了影音發到群裡。這不但傳播了知識,還增加了客戶對君悅購物中心的信任。

當大量一二線城市的購物中心在抱怨網際網路正在摧毀它們的時候,君悅購物中心從小縣城的15萬常住人口中「私有化」了10萬人,然後用「回購率」不斷攤薄高昂的初次獲客成本,完成了自救。

所以,不要抱怨,要想辦法。

認識到私域回購率的價值的,還有小鵝通[32]。

---

32 https://www.xiaoe-tech.com/

小鵝通是我們的戰略合作夥伴,它的主要業務是提供知識服務工具(比如直播和用戶營運管理)。吳曉波老師的「每天聽見吳曉波」就構建在小鵝通上。但小鵝通一直有一個難題,就是新客的獲客成本太高,大約為4000元。如果花了4000元好不容易獲得一個客戶,但這個客戶只用了不到一年就走了,那這4000元就等於打了水漂。

怎麼辦?獲客成本高,那就打通公域與私域,提高回購率,用回購的年費攤薄4000元的初次成本。

於是,小鵝通開始建群。但和君悅購物中心的群不同的是,小鵝通的群不是「1∶N」的,而是「N∶1」的,就是在一個群裡,有很多小鵝通的人,但只有一個客戶。

小鵝通的群裡有很多「鵝」:「服務鵝」是給客戶配的白天的服務專員,晚上就換成了「值班鵝」。客戶新的功能需求,由「需求鵝」來滿足。如果解決不了,就由「飛行鵝」現場解決。N個人服務1個客戶,客戶像皇帝一樣被伺候著。

我問小鵝通:這成本很高吧?是的。每年小鵝通在每個客戶身上要多花400元。但花400元用有溫度的服務來提升口碑,留住一個老客戶,與花4000元獲得一個新客戶相比,成本低多了。

這樣的群,小鵝通建了38,000多個。

2021年6月，小鵝通拿到了1.2億美元的D輪融資[33]。

3.轉介紹

私有化能帶來「回購率」這個攤薄初次獲客成本的利器。但私有化帶來的不只是回購率，還有「轉介紹」。

我們來看圖6-1「價頻模型」。

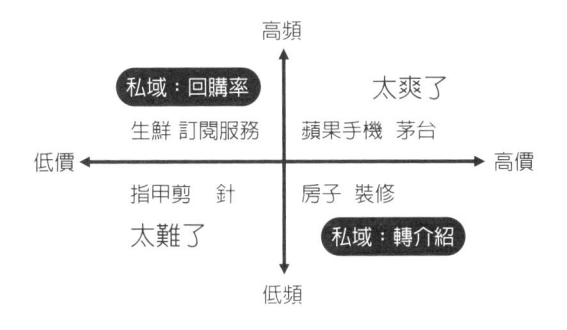

```
                        高頻
                         ↑
        私域：回購率       太爽了
        生鮮 訂閱服務     蘋果手機 茅台
   低價 ←─────────────────┼─────────────→ 高價
            指甲剪  針    房子 裝修
        太難了            私域：轉介紹
                         ↓
                        低頻
```

圖6-1　價頻模型

如果把商品用橫軸的「高價」「低價」和縱軸的「高頻」「低頻」劃分為四個象限的話，右上角這個象限的商品價格高，購買頻率也高，比如蘋果手機、茅台等。這個象限有個名字，叫「太爽了」。

33　編注：通常是首次公開募股（IPO）之前發現了一個新的擴張機會，但需要另一個助力才能實現，大多由風險投資公司提供。
（資料參考自：https://reurl.cc/qVX5EE）

左下角這個象限的商品價格低，購買頻率也低，比如針、指甲剪等，幾年買一次，一次幾元錢。這個象限也有個名字，叫「太難了」。

左上角這個象限的商品價格低，購買頻率高，比如生鮮、訂閱服務等。因為低價，所以承受不起高昂的初次獲客成本，但是好在高頻，可以透過回購率來分攤獲客成本。所以，對於這類商品，最重要的策略是經營回購率。君悅購物中心和小鵝通採用的就是這一策略。我們把這個象限叫「回購率」，這是私域的主戰場。

右下角這個象限的商品價格高，購買頻率低，比如房產、裝修等。你為客戶裝修了一套房子，客戶非常滿意，但因為低頻，短時間內他通常不會再來找你進行第二次裝修。這時，高昂的獲客成本怎麼分攤？轉介紹可能是最好的辦法。

舉個例子。

紀文華是豪車毒[34]創始人，他的公司是賣豪車的。豪車是一個典型的高價低頻的商品。一輛勞斯萊斯的售價很高，一個客戶即使再有錢，也不可能每周買一輛。所以，豪車的初次獲客成本、4S店的裝修費用、員工的培訓費很難被攤薄。

如何解決這個問題？一個好辦法是讓用戶「忍不住」轉介紹。

---

34 編注：豪華車線上代購團隊，專注於中高端汽車私人訂製服務。

有一位年輕女士想買一輛邁拉倫（Mclaren），她找到了豪車毒。你或許認為，豪車毒幫她以較低的價格買下一輛邁拉倫，然後確保車況沒問題，把車開到她家門口，就算是交付了。但豪車毒不會這麼做，因為這樣的服務同行也能做到。紀文華說過一句話：「同行已經做了的服務，就不是服務，而是義務。」

豪車毒是這樣做的：交車那天，豪車毒團隊提前來到現場，花了兩個小時為客戶精心準備了手捧花、音樂還有能把整輛車裝下的巨大禮盒。那位年輕女士當時就震驚了，而接下來的場景更令她震驚：她拆開禮盒的一瞬間，五顏六色的氣球「流」了出來，音樂響起，一輛白色的邁拉倫出現在她面前。

你說，如果你是這個客戶，你能忍住不發朋友社群嗎？

這只是買車時的一次「忍不住」，怎麼能讓買完車的客戶也「忍不住」呢？

豪車毒團隊有30多人，其中15人的工作是給VIP和SVIP車主提供上門清潔服務。你或許會說：這有什麼稀奇的？

但豪車毒的服務卻真的「稀奇」：他們在打掃的時候，會用針一個孔一個孔地幫客戶清理花灑裡的水垢；會把刮鬍刀打開，把裡面的鬍鬚清理得像沒用過一樣；會把水晶吊燈上的水晶一個一個地拆下來，擦洗得乾乾淨淨，再裝回去；會打開自動馬桶的水箱，清洗裡面濾網上肉眼都看不到的污垢；會拆下玻璃門上的密封條，擦洗完裡面的污垢，再裝回去。

你說，如果你家被這樣打掃過，你能忍住不發朋友社群嗎？

轉介紹是私域裡威力極大的流量工具，但前提是你的服務要極致。

透過極致的服務，豪車毒在2020年賣出了價值15億元的豪車。

君悅購物中心、小鵝通和豪車毒，做的事情都很有意思，但又截然不同。所以經常有人問我：「潤總，誰做的最值得學？我只想學最好的。」我只能回答：「看情況。」

那麼，如果「看情況」的話，哪些行業適合做私域呢？為了回答這個問題，我請教了一下有贊的創始人白鴉。

我認識白鴉很多年，在我心中，白鴉和他的有贊一直是私域的引領者和新零售的實踐者，是非常值得信任的合作夥伴。所以，2019年，我打算基於「劉潤」公眾號建立自己的私域商城時就找到了白鴉，他當時就跟我講了他的「私域三角」。白鴉的「私域三角」是由私域產權、單客價值和顧客推薦組成的，這與我所說的私有化、回購率、轉介紹幾乎完全一樣。所以我當時就決定把「潤米商城」搭建在有贊上，我們負責前端服務，有贊負責後端交易。

為了幫助更多商家做好新零售轉型，有贊在2021年還成立了單獨的「有贊新零售」品牌。現在，搭建在有贊上的商戶已經有600多萬家了，2020年這些商戶透過有贊新零售完成的交

易額達到1037億元。

我請有贊的團隊統計了一些內部數據,希望這些數據能幫大家在「打井」的時候,找到自己的「取水點」。

根據2021年有贊私域商品交易額分布情況,從規模的角度來看,私域最熱門的品類是三類:女裝(14%)、美妝(13%)和日用百貨(9%)。但是從增長角度來看,美妝不但規模大,還在高速增長,同比上漲了102%;日用百貨也上漲了84%。而綜合食品和醫療健康兩個品類,規模雖然不大,但異軍突起,分別上漲了118%和110%(見圖6-2)。

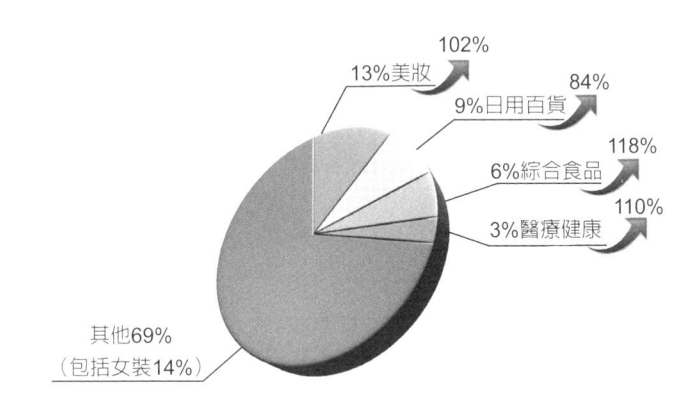

圖6-2　2021年有贊私域商品交易額大幅上漲品類

(資料來源:有贊新零售)

然後，我們再來看有贊的私有化、回購率和轉介紹數據（見圖6-3）。

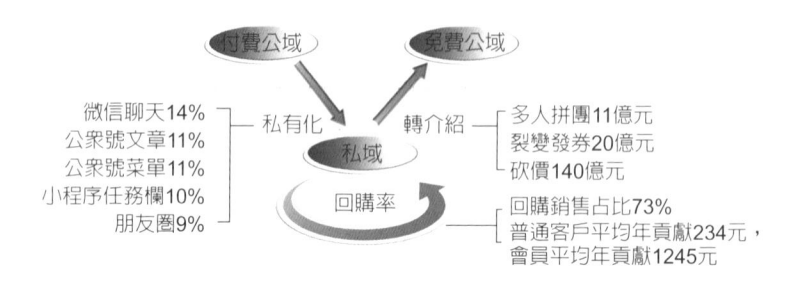

```
                付費公域         免費公域
                    ↘         ↗
微信聊天14%                              多人拼團11億元
公眾號文章11%    私有化  轉介紹         裂變發券20億元
公眾號菜單11%         私域               砍價140億元
小程序任務欄10%       ↻
朋友圈9%            回購率              回購銷售占比73%
                                        普通客戶平均年貢獻234元，
                                        會員平均年貢獻1245元
```

圖6-3　有贊的私有化、回購率和轉介紹數據

透過有贊的數據，我們會發現，私有化必須發生在觸點上。在所有和用戶的觸點中，微信聊天依然是最重要的，占14%。除此之外，公眾號文章占11%，公眾號菜單（欄目）占11%，小程序[35]任務欄占10%，朋友圈占9%。我第一次認識到，公眾號菜單的重要性居然超過了朋友圈。

私有化對提高回購率的幫助也可以透過有贊的數據直覺地顯示出來。回購銷售在總銷售中占比高達73%。普通客戶平均年貢獻為234元，而一旦成為會員，他的平均年貢獻可達1245元。由此可見，會員是提高回購率的核心。

35　編注：Mini Program，一種不需要下載安裝應用程式（App）即可使用的「簡易應用程式」。（參考自https://reurl.cc/z1XNxp）

轉介紹最典型的三種形態是多人拼團、裂變[36]發券和砍價，它們帶來的GMV（Gross Merchandise Volume，商品交易總額）分別是11億元、20億元和140億元。砍價依然是最重要的轉介紹的工具。

　　有贊的數據還顯示，經營私域為零售企業帶來了8%的時間增量和11%的空間增量。

　　黃碧雲老師說：「私域是人和人之間的關係。」君悅購物中心的私有化、小鵝通的回購率和豪車毒的轉介紹都是借助人和人的關係打通了公域與私域，把越來越貴的公域流量沉澱到私域，並因此獲益。

36　編注：以任務的方式請舊用戶分享給好友，完成任務後就能拿到回饋的獎勵，而新用戶也能得到對應的獎勵，並鼓勵他們再次裂變。
　　（參考自https://reurl.cc/ezaO0M）

把流量從付費媒體和贏得媒體轉化沉澱到自有媒體

建設私域流量有很多方法，在行銷和傳播上有個叫「POE」的概念，對此也有很大幫助。

我在「5分鐘商學院」裡也和大家講過這個我認為非常重要的概念——「POE」。

「P」指的是Paid Media——付費媒體，比如在報紙上登廣告、冠名贊助電視節目等。

「O」指的是Owned Media——自有媒體，比如企業自己的公眾號、個人號等。

「E」指的是Earned Media——贏得媒體，比如微博、微信朋友圈等，你沒怎麼花錢，但是引起了別人自發的傳播。

把流量從付費媒體和贏得媒體轉化沉澱到自有媒體，是建設私域流量的一種途徑。

第一，利用付費媒體，也就是買流量，投廣告。

在過去的一段時間裡，付費媒體盛行，比如電視廣告。那時線上完勝線下，因為當時線上買流量的價格比線下買流量的價格更便宜。所以，那段時間，線上的付費媒體和線下的付費媒體價格是不均衡的，線上便宜，線下貴。但是這樣的不均衡

一定會被拉平，只不過需要一些時間而已。一旦線上線下的付費媒體價格被拉平，線上付費媒體的紅利不再，流量就會轉移到自有媒體。

付費媒體怎麼投廣告？

在如今的大數據時代，我們可以掌握更為精確的個人數據，從而做到精準投放。

你在 iPhone X 正式上市後的前3個月就用它發過微博？嗯，你是追逐潮流的高消費人群。

你的社群打卡地點中一年出現了20個以上的城市？嗯，你是個經常出差或者旅行的人。

你在大眾點評上總是去川菜和湘菜類餐館？嗯，你愛吃川菜和湘菜。

你在京東上總是買廚房用品和水果生鮮？嗯，你在管理家庭生活費。

又或者，根據精確的數據，將用戶分類。

比如根據時間投放。面對年輕白領，可以選擇在早上7點至9點投放今日頭條，因為那時年輕人大多正在公交車或地鐵上刷新聞。

比如根據地點投放。面對南京市場，在微信朋友圈投放時可以只選擇定位在南京的人群。

比如根據行為投放。面對商旅人士，在新浪微博投放時可以選擇1個月內出現在3個不同城市的人群。

這些都是精準投放。

招商銀行有一個爆文廣告,叫作《世界再大,大不過一盤番茄炒蛋》。我曾經專訪招商銀行這次活動的負責人,瞭解他們是如何策劃出這樣的爆款的。他對我說,這個廣告的投放費用只有50萬元,但正是因為只有50萬元預算,所以他們選擇在周三到周五根據騰訊廣告給的標籤選擇有留學經歷、有海外消費的人群投放廣告,然後分批次投放了北京、上海、廣州、深圳四個城市。

為了保證效果,在投放之前,他們還在訂閱號「招行微刊」上發布了一篇測試帖,閱讀量高達545萬,創造了歷史。於是在投放的第一天,這個影音很快就登上了百度熱搜榜第一位,在微博熱搜榜上排在第七位,熱度甚至超過了宋仲基和宋慧喬結婚。最終,這個影音大約觸及了50萬人,平均1元一次觸及。

這就是精準投放的威力。

但是,在投放的過程中,別僅僅把廣告指向產品銷量和品牌曝光,這是一種非常短視的行為。要想辦法把買到的流量沉澱到自有媒體,自有媒體可以是公眾號,可以是官網,也可以是個人號。但不管是什麼,一定要導流到自己的私域裡。這樣才是得到了免費的、可重複使用的流量。否則,每一次的銷售和曝光,都需要重新購買流量。

第二，利用贏得媒體，就是用優質的內容，觸及第二層、第三層甚至更多層的用戶。

贏得媒體指的是你的內容在上面發布後，會引起別人自願幫你轉發、傳播的媒體，比如微信朋友圈和微博。

在微信、微博這類擁有數億用戶的大平臺上，如果你創作了一條非常有價值的內容，可能會有大量的人幫你轉發。轉發並不是因為你付費給他們，而是因為你用內容打動了他們。轉發所帶來的新用戶就是你贏得的，這就是贏得媒體。

拼多多就是靠贏得媒體方式成長起來的。顧客可以買到便宜的商品，但需要多個人一起拼團才可以購買。為了能拼團，人們會把連接分享給很多朋友。分享給朋友這一操作所帶來的新用戶，就是拼多多贏得的。正因為如此，拼多多在三四年間就積累了三四億的用戶。

招商銀行的廣告能風靡全國，也是因為這個原因。招商銀行的那位負責人告訴我，在製作那支廣告之前，他們發放了5000份問卷，對50個留學生以及10對父母進行了訪談，發現了這樣一個故事：有個留學生在參加一個聚會時，每個人要做道菜，但是他不會，只能透過微信語音讓媽媽遠程一步步教他做最簡單的番茄炒蛋。而那時，國內是凌晨，他的媽媽本應在熟睡中。這個故事感動了所有同事。

而且，他們還進行了數據調查，發現在百度上有46萬人搜尋過同一個問題：「番茄炒蛋是先放番茄還是先放雞蛋？」在

他們看來，這是一個被驗證有效、自帶流量的話題。再加上這道菜也沒有南北方差異，全國人民都會吃，容易引起更廣泛的共鳴。所以，他們選擇了「番茄炒蛋」這個創意。

另外，他們還在短短4分鐘的影音中加入了種種衝突，比如孩子聚會的熱鬧和父母深夜的冷清；比如孩子很久才回覆資訊，父母卻是秒回；比如父母得知很成功之後的喜悅，但回覆的內容只有兩個字「好的」和一個笑臉表情。

這些細節處處戳中人心，都會讓觀看者感同身受，讓人動容。

因為內容優質，有48萬人看到這支廣告後參與轉發，達到了4700萬次影音播放量，再加上大量的自媒體轉發，可監測的總播放量過億次。

這就是用優質內容觸及更多層用戶的能力。

同樣，在創作優質內容上，也要記住別只把內容指向產品銷量和品牌曝光，也要想辦法轉化沉澱到自己的私域。

幾十萬的用戶比幾十萬的銷量和曝光更加重要。

第三，除了把流量從付費媒體和贏得媒體轉化沉澱到自有媒體，你還可以把線下的流量導流到線上。

比如完美日記。完美日記是在這三年裡異軍突起的一個美妝品牌。雕爺（阿芙精油創始人，孟醒）說，一支300元的口紅，成本價一般不到30元，中間270元都是舊通路的交易成

本，比如廣告、代言、線下門市等成本。當完美日記用網際網路銷售口紅，大量削減了交易成本後，居然可以把口紅的價格降到60元。60元 VS 300元，消費者不傻，於是完美日記的口紅上市後，很快就獲得了大量追隨者。但是，成就於線上的完美日記卻在線下開起了店，這是為什麼呢？

我在長沙完美日記線下店的一次經歷或許可以回答這個問題。我在店裡閒逛的時候，一位小姐走過來對我說：「隨便看，隨便看，今天掃一下QRcode，還送一盒化妝棉呢。」我立刻明白了，完美日記就是透過類似的掃碼送化妝棉的方式，加用戶的個人微信，並由此積累了幾百萬微信好友。

我的微信公眾號有220萬用戶，每天可以發一篇文章。而完美日記有幾百萬微信好友，每天可以發（理論上）無限條Po文。

消費者到門店來買一次口紅，就是一次觸及，一個消費者一年可能也來不了幾次。但是一旦加了好友，進入私域用戶池，最終進行兵團化管理，這個觸點就會變成無限次，可以使完美日記無限次免費觸及用戶。

所以，對完美日記來說，開店的核心也許不是賣東西，而是加微信。這聽上去很不可思議，但是別忘了，加微信能用一次觸點換無限觸點。新的零售時代，不是回到線下，而是回到線下後，把人拉回線上，拉進私域用戶池。

最後記得，當你擁有自己的私域後，要限制使用、謹慎使

用、合理使用,不給用戶增加負擔,尊重用戶體驗,這樣私域才會越來越大,越來越有價值。

在今天能打到獵的時候，要懂得儲備糧食

有人可能會問：既然私域用戶這麼有價值，為什麼很多商家前幾年不做私域，現在才開始做呢？

因為對企業來說，前幾年從公域購買流量更划算。而建立私域用戶池卻需要一定的投入。比如，專職的私域營運、內容創作等人工成本都是企業在初期就要投入的，而且這些成本從本質上來說是固定成本，也就是說，無論你有多少私域用戶，都要投入同樣的成本。

於是，在這個時期，很多人自然而然地選擇了從公域直接購買流量，而不是花很高的固定成本自建私域。尤其是網際網路、Wifi剛剛興起的時候，因為購買流量的商家不多，所以線上的流量比線下便宜很多。

這個時期，我們就叫公域紅利期。

只要有紅利，就一定會吸引大量的人加入，而一旦大量的人開始在公域用戶池中搶奪流量，勢必推高公域流量的價格。這時，很多企業買不起流量了，可是，沒有流量就沒有交易。

這時，你會發現，那些提早就開始做私域的企業活得越來越好。比如我在2020年參加騰訊生態大會時採訪的三家企業：寶龍集團、綾致集團、瀘州老窖。

當時騰訊之所以請這三家企業參加生態大會，是因為即使

在疫情的衝擊之下，這三家企業仍然創造了不錯的業績。我問它們是怎麼做到的，難道有什麼點石成金、扭轉乾坤的方法？

時任寶龍地產聯席總裁的陳德力說，寶龍在過去兩三年裡一直在營運自己的App（寶龍廣場在線），勤勤懇懇地把線下用戶遷移到App上。在新冠肺炎疫情之前，寶龍廣場在線App的用戶規模已經達到百萬級。疫情突然來襲，線下零售受到重創，各個企業開始在微信小程序裡做直播帶貨，寶龍也是如此，並且把這個巨大的用戶開放給了微信小程序。沒想到的是，直播銷量居然比線下實體商業平常的銷量高了7倍。

綾致集團的智慧零售業務負責人牟楠希說，綾致在線下有幾千家門市，透過加微信的方式積蓄了幾百萬微信和企業微信的「私域用戶」。所以，在疫情期間，綾致組織了成百上千場直播，生意不降反升。

我很驚訝：「天啊，幾百萬微信和企業微信的連接，你們是怎麼一下子聚集這麼多用戶的？」

牟楠希說，不是「一下子」，是連續幾年勤勤懇懇不斷地耕耘，而且是深耕。透過提前一年、兩年甚至三年時間，做好組織架構、產品技術的鋪墊，它才能在綾致迫切需要時有一個好的爆發。

瀘州老窖資訊總監蘇王輝說，瀘州老窖幾年前就開始推進「一物一碼」的建設，瓶、箱、盒、蓋以及物流五碼關聯，這

不僅解決了通路竄貨[37]問題、產品溯源問題，還用各種活動激發用戶掃碼加入會員。現在瀘州老窖的會員數已經是一個龐大的數字。在疫情期間，瀘州老窖很好地利用了會員體系，觸及率、回購率、連帶率都有了很大的提升。

原來如此。這三家企業，每一家所講述的都不是力挽狂瀾、扭轉乾坤的故事，它們的成功都得益於它們長期經營的私域用戶。微信小程序、企業App、企業微信、會員制，就是這三家企業深耕的「私域流量」，它們充分享受了私域流量的紅利。

所以，它們逆勢上漲的原因不是因為在疫情期間突然做了什麼，而是因為在疫情之前的很長一段時間裡一直在做什麼。

不是它們找到了什麼竅門，有了什麼捷徑，可以便宜地拿到公域流量，而是它們在公域流量成本還比較低的情況下，就開始默默耕耘，長期且認真地做私域，最終才有了如今在私域產出階段的纍纍碩果。

但是在前幾年，做私域流量是沒有任何收入的，這需要戰略眼光。

什麼戰略眼光？

做私域流量，需要長期耕耘，必要時刻方可派上用場。而長期做私域流量，是件固定成本很高，邊際成本很低的事情。

---

[37] 編注：竄貨是指經銷商私自將貨物出貨至非屬銷售區銷售。

假設做一個微信公眾號,每年投入的固定成本是100萬元。無論服務10個、100個、10,000個用戶,固定成本都是不變的。當服務1萬、10萬、100萬個用戶時,成本分別是每人100元、10元、1元。如果每年可以觸及用戶200次,那每次觸及的成本依次變為0.5元、0.05元、0.005元。用戶數增加,平攤到每個用戶身上的成本變低,這時,邊際成本不斷遞減。當覆蓋的用戶數越來越多,邊際成本便不斷趨向於零。

只有當用戶數量夠多,邊際成本變低時,才能體現私域流量的價值。而這份價值,是需要靠前期固定成本投入、時間投入慢慢累積起來的。

今天這些成功地用私域流量帶來轉化、獲得利潤的企業或商家,其實是在公域流量成本還比較低的情況下,就已經開始默默耕耘了。

所以,做私域流量需要戰略眼光,好好布局。在今天能打到獵的時候,要懂得儲備糧食。機會屬於有準備的人。

自媒體和社群帶來巨大的「新流量紅利」

我在《趨勢紅利》中曾經說過:「做零售的邏輯,就是不斷地尋找新的流量紅利,比如會員、直銷、自媒體、社群,直到再被抹平,永不停止。」

在自媒體中,「新流量紅利」可能來自那些迅速成長的公眾號,比如「段爺」、「六神磊磊」。這些公眾號迅速獲得了大量關注,價值很大。如果你在上面投廣告,價格可能遠遠低於傳統線下媒體,甚至遠低於傳統網際網路媒體。

所以,迅速成長的自媒體,是企業在線上的「黃金地段」。這些自媒體可以給合作的企業帶來巨大的「新流量紅利」。

自媒體的繁榮,被業內人士稱為「內容創業井噴」,這是流量碎片化時代的開端。未來,流量將從BAT等平臺的壟斷走向以社群為單位的碎片化時代。優質內容是建構這個社群的重要武器。

因某種原因(比如興趣、背景、目的等)而聚集在一起的人群,我們稱之為「社群」。社群有多種組織形態,比如一些垂直社交軟體,像陌陌(陌生人交友)、雪球(理財炒股)等;或者是有個性的公眾號,比如凱叔講故事(2~8歲的孩子和他們的父母)、吳曉波頻道(財經讀者);再或者只是一個

微信群,比如「蟲媽鄰里團」(團購生鮮水果),以及各種各樣的學習群(聚集著各個領域的學習者)。

所有擁有用戶關注度的主體都可以把關注者經營成社群,所有擁有社群的經營者都是流量的穩定入口。這些新的流量入口,是企業獲得新客戶的重要通路。

自媒體和社群,是不一樣的流量紅利,其變現手法,也與傳統流量不同:可以是好玩的廣告,也可以是自營電商。比如,音樂交通台有30萬粉絲,如果直接群發一條MINI Cooper的廣告,粉絲一看是廣告,可能馬上就會刪掉。所以,廣告這種變現手段的效果現在很差,尤其是在移動網際網路時代,消費者的腦中都已經「預裝」了廣告過濾系統。但如果音樂交通台向MINI Cooper要兩輛車,每輛車都有半年的試駕權,分兩年兌現,就可以針對30萬人辦一個活動,從30萬人裡抽四個大獎,一定會吸引無數關注。這樣,音樂交通台不僅收了廣告費,還給粉絲發了福利,MINI Cooper也宣傳了自己。

再比如,知名設計美學博主顧爺曾經在公眾號上辦過一個「猜題拿口令搶紅包」活動,粉絲只要猜對問題答案,就可以獲得支付寶現金紅包口令。這個活動,大獲粉絲好評。顧爺獲得了收益,粉絲享受了福利,支付寶也宣傳了自己。

透過上面的兩個例子,我們可以看出:自媒體和社群有明顯的群體特徵,多方獲益的「增益型」變現方式正在取代傳統的「消耗型」變現方式。

這也是為什麼越來越多的自媒體和社群選擇自己做電商，而不是簡單地給別人做廣告。吳曉波頻道賣「吳酒」和「傳統企業千人轉型大課」，羅輯思維賣會員和定製圖書，凱叔講故事賣「『凱叔西游記』隨手聽」故事機，都是比較成功的自營電商案例。

　　自媒體和社群，正在逐漸打破BAT的流量壟斷，成為新的流量入口。它們將用好玩、有趣的變現方式，為企業提供超高性價比的流量。

　　新的流量紅利已經誕生，願你能抓住它，更上一層樓。

透過私域流量撬動To B業務

我帶著一些創業者和企業家去遊學參訪時，大家討論到一個很多人關心的問題：To B很重要，很多人想轉型做To B業務；私域流量也很重要，很多人也想做私域流量，但是，如何透過私域流量，撬動To B業務？或者說，正在做To B業務的人，如何做私域流量？

其實，To B業務的關鍵在於決策流程和複雜度，這也是To B和To C的最大區別。

To B的決策流程很長，長到幾乎可以抹平一切衝動，讓所有購買衝動最終趨於平靜。如果說To C的消費決策以「秒」計，To B的消費決策就是以「月」計，甚至以「年」計的。

假如你要買一部華為手機，哪怕再貴，一萬元也差不多了，如果你特別喜歡，咬咬牙花一個月的工資也就買了。但是，如果你要買一套華為的交換機設備，那可不是一萬元的事，一個基站就是幾百萬元，一個單子可能上億元。幾百萬元、上億元的金額，就算你再喜歡、再衝動，也沒辦法迅速決策。

開會立項，招標投標，展示簡報，打分評分，交付服務[38]⋯⋯

---

38 編注：按承諾提供服務以滿足顧客需求。

每一步，都是馬拉松式的斡旋和談判。

所以，To B業務不是靠衝動消費來拿下客戶的，要靠BD（Business Development，商務拓展），靠銷售，去影響，去磨，去耗，去說服。

To B的業務就是持久戰、消耗戰、塹壕戰。

那麼，To B的業務和私域流量有什麼關係？

私域流量的本質，其實就是「長遠而忠誠的客戶關係」，說得更直白一些，就是「更便宜的、可以反覆使用的流量」。

長遠而忠誠的客戶關係，說的其實是對方對你是否足夠信任。更便宜的、可以反覆使用的流量，說的其實是回購率。

信任和回購率恰恰是To B業務的核心，因此，私域流量是天然適合To B業務的。

如果你想做To B的業務，那麼你應該有自己的私域流量，在「私域流量」裡面，可以進行客戶的維繫、轉化和拓展。

可是，怎麼才能擁有自己的私域流量？

先要用好自己手中的微信。

有一位創業者，他的團隊有十幾個人，他們用50支手機把自己的客戶都添加到了微信中，在微信中和客戶進行交流。有人說「這樣做也太麻煩了吧」，但是他們就是用這樣看起來非常「蠢笨」的方式，做到了一年上億元的流水。

這個例子是偏向To C業務的，但這依然可以給我們不少啟發。在To B的業務中，因為市場更分散，客單價更高，客戶數

量相對沒有那麼多,所以做私域流量會更加簡單。

微信[39],是我們最熟悉的工具,也是和客戶交流最多的場景。我們可以把客戶沉澱到微信中。當然,不是所有的客戶都要沉澱,這些客戶應該是最有價值的那些人。

「最有價值」展現在兩個方面。

第一是能影響到業務的人。在To B的業務中,有一個很重要的能力——「順桿爬」,即能從一個前臺順藤摸瓜一路找到CEO。而這些人都應該在微信中。在微信的備註裡,還應該記錄著這些資訊:職位、生日、愛好甚至家裡養的是什麼寵物;他和其他部門人員是什麼關係,信賴、中立還是競爭;你們之間是什麼關係,陌生還是熟悉……等等。在傳統的銷售中,這些資訊被稱為「作戰地圖」,現在這些資訊都可以放在微信中。這些人、這些資訊會左右著業務進展,甚至決定著成敗。

第二是那些被篩選過的人。比如,見過面的才會加微信,朋友推薦的才會加微信,你認可的人才會加微信,其他的一律不通過。這種篩選會讓彼此有更多的認同和信任,更重要的是能提高朋友社群的品質。每一個好友的位置都很稀缺,只留給那些真正有價值的人。社群的品質也會決定業務的品質。

真正能做好To B業務的人,都有一種特質:不卑不亢。也就是我們常說的,上與君王同坐,下與乞丐同行。

---

[39] 編注:這裡舉微信為例,其他社群軟體也均適用。

我在微軟最後一個職位是戰略合作總監，有時候要代表微軟去和一些省長、市長吃飯，聊聊怎麼進行戰略合作。如果見到有權勢的人就開始害怕，唯唯諾諾，話也不敢說，頭也不敢抬，那合作多半是談不成的。有的時候，我也會和一些比微軟小得多的公司進行交流。如果這個時候，我顯得非常傲慢和狂妄，那麼別人對我的印象也不會好。

換個場景，在微信中營運私域流量時，也是如此。

有的人見到比自己厲害得多的人，馬上就湊過去，幫對方拿包，諂媚地說：「我特別仰慕你，我能和你合照，順便加你的微信嗎？」最好不要這樣。同樣，如果有人想來加你的微信，你也應該禮貌客氣。雙方是平等的，要不卑不亢。

做To B的生意需要不斷影響對方。在微信中，朋友圈可以做到這一點。透過發朋友圈，你可以提醒別人你的存在，也讓別人瞭解你。

有人問，在社群發什麼？發最有價值的東西。

我的一位學員的經驗很值得分享：一是發自己真實的生活，這會讓人消除距離感和陌生感，更加瞭解真實的你；二是發自己參加的活動，這會讓人知道你是做什麼的，更加瞭解你的業務；三是發自己獨特的思考，這會讓人對你產生信任，更加瞭解你的能力；四是少發廣告，少發投票。

總結而言，就是每則Po文都要有價值。

在To B的業務中，大家經常會講一句話：「錢是主管向你

開口要的最後一樣東西。」如果你能提供更有價值的東西，如果合作能產生更大的業績，是不會有人向你要錢的。開口要錢，說明你眞的什麼都給不了，只好向你要錢了。

這就是說，你要能提供眞正的價值，要讓人看見你有價值。

除了發Po文，還有什麼影響方式？聊天。用社群軟體微信聊天是非常有效的交流方式。比如看到好文章，你發給他，這表示你的分享和品味；看到客戶公司的好消息，你發給他，這表示你的恭喜和祝賀；看到負面的消息，你也可以發給他，提些建議，這表示你的關注和關心。

不管發什麼文章，聊什麼內容，都一定要有價值。

我曾經說過一句話：「人脈，不是能幫到你的人，而是你能幫到的人。」這背後就是給予價值。

To B業務眞正做得好的人，除了成就自己，還喜歡幫助別人。因爲機會是流動的，資源是互相牽線的。

你有沒有見過或者發過這樣的朋友圈：

尋人，我有一件什麼事情，想找誰誰誰。

求助，我有一個什麼需求，有誰可以牽線嗎？

請教，我有一些什麼問題，想找人聊聊，請問可以介紹一下嗎？

當你的社群好友名單很有品質時，你就可以以舉手之勞幫別人連接資源。總有一天，別人也會爲你牽線搭橋。在To B的

業務中，很多事情都是這樣談成的。

先幫別人解決問題，才會有人關心你的問題。

但是，幫別人連接資源時，千萬不要賺這種資訊不對稱的錢。不要接受別人的「重賞」，更不要因為別人的「重賞」就未經同意拉群。

「因為這件事對雙方都有價值，我就想讓這件有意義的事情做成。」只有抱著這樣的心態，你才能贏得人心。

有人問，這樣做真的有用嗎？

只要你自己是有價值的，自管花開，就會吸引那些會被吸引的人。

你可能會發現這樣一件事情，當你這麼做一段時間後，會有人來主動找你合作，但可能這個人之前沒怎麼聊過。

為什麼會這樣？

因為他兩三年前就關注你了。看了你兩三年的社群Po文、文章、影音，他一直在默默地瞭解你、觀察你、考察你，直到有一天，他覺得你值得信任，可以合作。

以前做To B的生意，我們需要打電話、發訊息，需要尋找人脈，但是在私域流量中，我們可以不用這麼做。我們只要自管花開，就能影響到我們潛在的合作夥伴。

省下來的流量成本，就是你的品牌溢價

線下時代，我們總是強調品牌的重要性。而到了網際網路時代，似乎流量大過天，品牌不重要了。但是，品牌和流量從不矛盾，它們其實作用於消費決策的不同階段。

如果你想買一瓶去屑洗髮精，你拿起手機準備打開購物網站看一看，請問，這時你的腦海中是不是已經浮現出一個品牌了？海倫仙度絲？很好，和我一樣。

「海倫仙度絲能去屑」這個認知，在你的「購前階段」，也就是還不知道自己會不會買，什麼時候買之前就已經觸及你了。比產品提前觸及你的就是品牌，品牌的價值是在「購前階段」完成「心智預售」。

而流量，是在「購中階段」完成「產品先至」。

一個消費者如果心中沒有品牌，就會去電商平臺搜品類，比如「去屑洗髮精」。當看到網站上羅列的眾多洗髮精時，他會點擊其中一款產品，這款產品比它的品牌先抵達消費者，這就是「產品先至」。

可是，產品為什麼會先至呢？因為平臺掌握了品類流量。比如紅星美凱龍掌握了「家居」這個品類的流量，蘇寧掌握了「電器」這個品類的流量，天貓和京東掌握了全品類的流量。如果你需要流量，就要花錢從這些平臺購買某個品類的流量。

流量只有在消費者有明確購買意願時才有價值。所以，流量可以在「購中階段」幫助產品在一個品類中「付費插隊」，使這個產品能比其他產品更早地觸及消費者。

品牌的好處是鎖定，但壞處是不精準。流量的好處是精準，但壞處是沒有積累。所以，品牌是購前觸及，流量是購中觸及。

那購後用什麼觸及呢？產品。產品透過購後觸及影響消費者的第二次消費決策。

在消費者完成自己的購買行為後，唯一還能觸及消費者、影響消費者做出再次購買決策的，就是產品本身。有些餐廳你去吃過一次之後，就再也不會去第二次了，這樣的餐廳，就算做再多的廣告，買再多的流量，最終還是會「死」。因為在購後階段，它們的產品是一個接不住流量的竹籃子。

所以，購前觸及靠品牌，購中觸及靠流量，購後觸及靠產品。這三件事都是非常重要的，但是在不同時期，大家認為的重要性排序卻是不一樣的。

線下時代，流量是固態的。你租了一個店面，每個月有多少人光顧，總體而言是固定的，沒有太大的優化空間。而且，在某些行業，產品的同質化很嚴重。所以，企業的發力點都在品牌上，也就是在購前觸及上下功夫，比如，做電視廣告、報紙廣告、戶外廣告等。

到了網際網路時代，流量變成液態的了，一個平臺的流量

成本可能比另一個平臺低很多。所以,如何提高購中觸及的效率變成企業尤為重視的事。這時,所有人都開始瘋狂搶奪低價流量。而與低價流量能夠帶來紅利相比,品牌廣告被認為是一種浪費。

但是,所有的窪地都會被填平。隨著流量生態的線下線上打通,流量窪地越來越少,流量成本越來越貴。現在,兩槍必須打中一隻兔子,不然子彈就不夠用了。同時,兔子越來越少,子彈越來越貴。大家開始重新認識到購前觸及也就是品牌的重要性。

品牌的價值是預售。如果透過品牌完成預售的成本比在品類裡購買流量的成本低,那這個品牌就變成了一個依附於消費者心智而不是流量平臺的真正的品牌了。

這時,你省下來的流量成本,就是你的品牌溢價。正如新潮傳媒的創始人張繼學所說:「當流量成本的『購中流量』的紅利消失後,品牌價值的『購前流量』價值會突顯。」

但是,這時另一個問題出現了。廣告界有一句話:「我知道我的廣告有一半是浪費的,只是不知道是哪一半。」品牌廣告聽上去的確很有價值,但是浪費的問題怎麼解決呢?

答案是數字化。

首先,我們要明白的是,從根本上來說,浪費是因為連接得不精準。

舉例而言,你在電視上投放衛生棉的廣告,你知道,有

一半的廣告費浪費了;你在電視上投放老人鞋的廣告,你知道,有80%以上的廣告費浪費了(60歲以上老人占總人口的18.7%)。就算我們在機場投放奢侈品廣告(因為坐飛機的人群平均收入比坐長途汽車的人群要高),坐飛機的人也有男女差異、老少差異、職業差異,這種廣告投放依然是不精準的。

而這一切,可以透過數字化來解決。

在第3章,我舉了新潮傳媒的例子。新潮傳媒在投放奶粉廣告之前,會先看一下這個社區附近關於這款奶粉的百度指數,對於主動搜尋多的地區,會進行重點投放。投完之後,再看一下京東店鋪的銷量數據,對於廣告帶動數據變化大的地區,就加大投放。利用來自線下、百度、京東的三組資訊,他們精煉出了「精準用戶在哪裡」這個知識。最後,這款奶粉廣告的投放效果大大提升。

這就是數字化,數字化大大提升了品牌廣告的效率。

張繼學說,為了提升數字化的效率,新潮傳媒正在把社區裡的大部分廣告看板換成智慧螢幕。現在,他們已經安裝了70萬塊智慧螢幕。

這些智慧螢幕的用處非常大。舉個例子,沃爾瑪想觸及附近的消費者,原本需要挨家挨戶往信箱裡塞傳單,但是現在大家基本上都不開信箱了,怎麼辦?沃爾瑪可以採取一個更有效的方式,就是在沃爾瑪3公里範圍內的社區電梯裡投放廣告。但是,大家去沃爾瑪買東西,大多是周五晚上和周六、周日。

這就意味著,周一到周四的廣告投放價值很小。這時,智慧螢幕就派上用場了。在數字化的智慧螢幕上,沃爾瑪的廣告可以被設定為只在周五、周六、周日展示,而且廣告全自動下發,不需要工作人員上門更換。這樣一來,沃爾瑪就可以節省一半以上的廣告成本。這就是「時間精準度」。

再舉個例子,貝殼找房是一家連鎖的房地產中介公司,每個社區由不同的門店來負責。於是貝殼找房提出:投放在每個社區裡的廣告能不能不一樣呢?這樣就能使不同社區的電梯廣告面向住在這個社區或者對這個社區感興趣的消費者。這在以前是不可能做到的,但是在數字化的智慧螢幕上卻輕而易舉。現在,貝殼找房在每個社區投放的廣告都不一樣,廣告的效果大大提升。這就是「產品精準度」。

一旦用數字化武裝了品牌廣告,用戶的創造力就被激發出來了,他們的那些以前想不到的需求,開始被滿足。

比如,有一個人不小心丟了狗,於是,他就在附近幾個社區的電梯裡投放了找狗的廣告。這比在電線桿上貼尋狗啟示的效果好多了,最後,狗真的被找回來了。

還有一個人,他在外地上班,父親生日這天,他在父親所住社區的電梯裡投放生日廣告,祝父親生日快樂,鄰居、父親的好友們都看到了,這位父親特別高興。這顯然比發一條祝父親生日快樂的Po文更好。

一邊是競爭激烈導致「購中階段」的流量成本不斷升高,

一邊是數字化導致「購前階段」品牌廣告的成本不斷降低，企業會選擇哪一個呢？所以，現在你應該可以理解為什麼建立品牌重新變得熱門起來了。

張繼學的新潮傳媒現在已經有20%的電梯媒體實現了數字化，未來，這個數據將被逐漸提升到50%。他想把新潮傳媒變成線下的抖音。

一定有很多人好奇：為什麼是電梯媒體？現在，已經有越來越多的人習慣於低頭看手機，在電梯裡也是如此，電梯媒體真的還有用嗎？

我也有這樣的疑問，並且把這個疑問拋給了張繼學。

張繼學說，客觀而言，用戶的時間一定是不斷地被重新分配的。但是隨著移動網際網路的普及，他們發現，電梯媒體不但沒有被消滅，價值反而越來越大。這可能和人們的「三類時間」有關。

什麼是「三類時間」？就是整段時間、碎片時間和比碎片更碎片的背景時間。

比如看電視劇的時間就是整段時間。你一看就是幾十分鐘，目不轉睛。哪怕中間插入了一個廣告，你也不會換台。這段時間，除了是整段的，還有一定的強制性，你不可能跳過去。

行動網路搶占的是整段時間中間的碎片時間。你拿起手機看影音，看了10分鐘後，你發現有事要做，於是放下手機開始

忙，等忙完了，你又拿起手機繼續看。這些零零散散的碎片時間加在一起也不容小覷。

但是，碎片時間存在的問題是，用戶可以隨時離開，比如看到廣告了，用戶就離開了。行銷學有一個著名的「7次理論」，意思是說，你重複觸及用戶7次後，他才能對你留下印象。可是，如果用戶在看短影音時看到同一個廣告7次，他可能早就不耐煩地「主動」跳過了。所以，形成7次記憶並不容易。

而電梯裡的時間，我稱之為「背景時間」。電梯是人們的必經之路，雖然電梯裡的廣告通常只有短短的30秒，但人們一進電梯就能看到。所以，背景時間雖然比碎片更碎片，但有一定的強制性。其實，不只是電梯廣告，公共汽車站的燈箱廣告、捷運廣告等，搶占的也是人們的背景時間。如果這些廣告採用的是影音的方式，背景時間的利用率就會得到很大提升。所以，電梯廣告對建立7次以上的重複觸及是很有價值的，很可能成為建立新品牌的利器。

如果說過去的廣告比的是創意的話，今天的廣告比的則是對被數字化賦能的傳播學的理解的深度。

你打算如何用品牌的預售價值節省你的流量成本呢？

Part 7
跨境加時賽

跨境電商已是一片紅海

2021年,還有一個戰場腥風血雨、血流成河,無數人殺紅了眼。本來很多人以為這個戰場即將封神排位、蓋棺定論,但是,突然發生了很多變化。這個戰場就是跨境電商。

2021年4月,我在深圳參加了一場跨境電商論壇,做主題演講。我像平常一樣開始演講,可是講到一半,主辦方的副總裁突然走上台,在我耳邊小聲說:「潤總,不能講下去了,警察來了。」

原來,現場聚集了太多人,而外面還有更多人想進來,這導致局面有點失控。安全起見,主辦方決定暫停演講。

在警察的護送下,我緊急離開了現場。當經過會場外面的走廊時,我看到了圍在門口,因為限流而進不了主會場的焦急等待的人們。

這場活動,現場可以容納4000人,但主辦方接受了15,000人的報名——根據以往的經驗,這樣的全國性活動,雖然有15,000人報名,最終能來的不過是四五千人。但沒想到的是,這次所有報名的人幾乎都來了。外面的人想進來,裡面的人不想出去,警方只能疏散人群。

是因為我的演講太吸引人嗎?別開玩笑了。我當然知道,他們的瘋狂不是因為我,而是因為這個論壇的主題——「跨境

電商」。在這個領域裡，上演著無數令人驚嘆的財富故事。「年入千萬」、「90後」、「財富密碼」⋯⋯這些元素任意組合在一起，足以令很多人爭先恐後，「選擇性無視」其中的風險，以及從事這一行所需要的品牌化營運經驗、供應鏈和物流體系「專業化」掌控能力、選品能力、資金和資源。沒有人願意錯過機會，尤其是井噴式增長的機會，於是無數人奮不顧身地進入這個行業。

演講暫停後，很多人仍然不願意離開。有一位來自山東的女士，還抱著孩子，她對工作人員說：「我是專程從山東來的，就是為了參加今天的論壇，我不能出去啊。我在裡面幫你們維持秩序吧，萬一演講恢復了呢？」我聽到這句話的時候，心裡有點不是滋味。這句話的潛臺詞是：我不知道前方是什麼，但萬一那是一個暴富的機會呢？

跨境電商為什麼如此火爆？

2020年9月25日，我參加了一場活動，有很多從事跨境電商的企業家參與。活動期間，我和幾家年銷售額幾億元、幾十億元的跨境電商龍頭企業的經營者進行了溝通。他們告訴我，新冠肺炎疫情出現以來，跨境電商反而獲得了高速增長。

新冠肺炎疫情對整體經濟造成了極大的影響，但與此同時，海外國家的電商滲透率大幅提高。兩相對比，由於電商滲透率提高帶來的影響更大，跨境電商出現了迅猛發展。

什麼是電商滲透率？簡單來說，就是總體零售中電商零售

的占比。電商滲透率越高,說明透過電商購物的人就越多。

易倉的創始人陳磊告訴我,在新冠肺炎疫情暴發之前,美國人買東西,大約有11%[40]是在線上完成的,更多人其實還是習慣在線下購物。但是,新冠肺炎疫情突然來了,出門受限了,大家不得不開始在線上購物——美國在線零售份額占比陡升到22%[41]。

從11%到22%,這對美國線下店是挑戰,但對大量活躍在亞馬遜、eBay這些電商平臺上的賣家,是很大的紅利。這是美國的情況,海外有些國家或地區的電商滲透率增長速度更快。比如拉丁美洲地區,原來消費者幾乎沒有線上購物習慣,因爲新冠肺炎疫情,開始學習在線上購物。

很多人說,2003年的「非典」激活了中國的電商市場,那麼也可以說,這次的新冠肺炎疫情激活了很多國家的電商市場。如果你覺得2003年已經比較遙遠,那麼不妨回想下,新冠肺炎疫情暴發之初,很多從來不會線上購物的大爺大媽是不是開始搶著在電商平臺買菜了?

「全球需求下降,供給下降得更厲害」與「全球電商滲透率陡升」這兩浪疊加,造成的結果就是:2020年,不少跨境電商企業都獲得了翻倍甚至幾倍的增長。2020年,中國GDP的增

40　https://unctad.org/system/files/official-document/tn_unctad_ict4d18_en.pdf
41　數據來自萬事達卡經濟研究所。

速是2.3%[42]，但跨境電商行業的增長（出口增長）達到了驚人的40.1%[43]。

那麼，這次增長是只有國內的跨境電商企業增長迅猛，還是所有跨境電商企業都增長迅猛？

幾家龍頭企業的經營者告訴我，其他國家的企業增長一般。最重要的原因是中國的製造業供應鏈完備，這是我們相對其他國家的一個極大優勢。當然，除了這一點，還有一個不可忽視的原因是，中國企業在電商領域有著強大的營運能力。2003年，電子商務就在中國興起，在這近20年裡，我們培養了大量電商行業的營運人才。相較之下，很多海外國家的電商才剛剛起步。這也是中國跨境電商行業得以高速發展的一個原因。

這同時說明了一件事：新冠肺炎疫情只是跨境電商高速發展的助推劑，沒有新冠肺炎疫情，依托完備的供應鏈和強大的營運能力，中國跨境電商行業仍然會發展得很好。

我們以2015~2018年的數據（見圖7-1）為例。

42　數據來自世界銀行網站。
43　https://www.gov.cn/xinwen/2021-07/13/content_5624504.htm

單位：億元

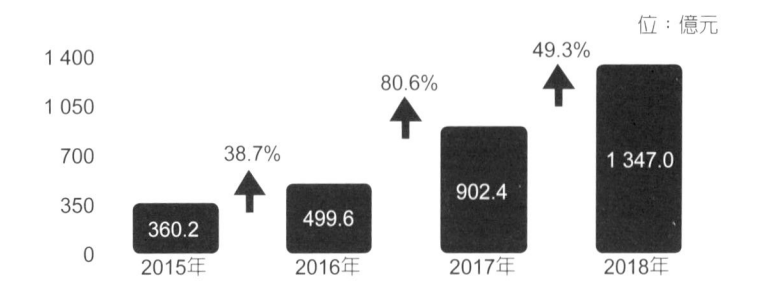

年份	金額	增長率
2015年	360.2	
2016年	499.6	38.7%
2017年	902.4	80.6%
2018年	1 347.0	49.3%

圖7-1　2015~2018年中國跨境電商進出口總額及同比增長率

（數據來源於中華人民共和國海關總署）

透過圖7-1，我們可以直接地看到，新冠肺炎疫情之前的這幾年跨境電商也呈現增長趨勢。這個行業本身就處於紅利期，處於快速增長階段。

正因為如此，才會出現跨境電商論壇上人流蜂擁而至的那一幕。那麼，現在做跨境電商究竟還有沒有機會？

其實，2019年下半年，跨境電商領域的競爭就已經非常激烈了，因為新冠肺炎疫情的影響，市場擴大了很多，但市場裡的人也越來越多。所以，如果你想賺一波紅利，不一定有機會，因為跨境電商的門檻是越來越高的，這個門檻包含了人才的門檻、資金的門檻，投資回報的周期也會越來越長。

為什麼跨境電商的門檻越來越高？

我們就分別從零售生意最基本的資金流、物流、資訊流等要素來說。

1.資金流

資金流比較簡單，對跨境電商商家來說，除了前期可能需要墊付的資金，最大的成本就是手續費等。交易時使用美國的支付工具PayPal、信用卡等，手續費是4%左右，如果用支付寶的話，這4%左右的手續費是可以節省下來的。但是海外消費者幾乎沒有支付寶，他們只能用PayPal、信用卡等付款，所以，如果海外消費者花100元購買了你的商品，你大概要將4元付給PayPal等工具。這筆費用是需要你來承擔的，這在無形之中就增加了你的成本。

2.物流

說起跨境電商的物流，不得不提我發現的一個現象。我們知道，2021年很多跨境電商企業獲得了高速發展，但在我溝通過的幾家企業裡，有兩家做國內直發的企業2021年的業績卻增長一般。

要理解為什麼會出現這樣的現象，首先要理解跨境電商的物流方式主要有兩種：一種是國內直發，一種是海外倉發貨。

國內直發，顧名思義，就是透過快遞從企業自己的倉庫直接發貨給海外的消費者，這種物流方式從國內到海外主要用空運。

海外倉發貨則是先把企業的貨物發到平臺在海外的各個倉庫，消費者下單後，從這些海外倉直接發給消費者。這種物流

方式從國內到海外倉站點主要用海運。

2021年採用國內直發的企業之所以業績增長一般，是因為受疫情影響，空運的成本大幅上升。舉個例子，如果海外消費者花100元買了一款產品，那麼，在空運成本沒有上升之前，這100元裡面大概有35元要花在物流上。然而，新冠肺炎疫情之後，空運的運費翻了3倍甚至4倍。這時，這個產品繼續賣100元，這100元恐怕連運費都不夠。於是，企業只有一個選擇，就是漲價。但是，一旦漲價，銷量就會下降很多。

當然，如果我們細分到小品類，情況肯定各不相同，有的小品類就獲得了爆發式增長，比如防疫物資。在這裡，我們只從行業整體趨勢的角度進行考量。

那採用海外倉發貨方式的跨境電商企業的物流成本沒有上升嗎？受新冠肺炎疫情的影響，成本也上升了。但是與空運相比，海運的物流成本要低得多。以消費者花100元買海外倉商品為例，這100元裡物流成本大概只占10元。

既然如此，為什麼還有很多企業選擇國內直發而不是海外倉發貨呢？這與品類有很大關係。還有不可忽視的一點是，如果選擇海外倉發貨方式，資金占用時間會非常長，畢竟在船上的時間和在海外倉倉庫裡堆放的時間都要考慮在內。如果不快速賣出去，資金成本更高。所以，這就需要跨境電商企業對未來的銷售情況有更加精準的預測。

當然，這種海外倉發貨方式，貨到消費者手上的速度比國

內直發快很多，消費者體驗更好——畢竟，商品是從海外的各個倉庫站點直接發到消費者手中的。所以，各個平臺都會在流量上對海外倉進行各種扶持。

3.資訊流

說完物流，就談談資訊流吧。在平臺上做跨境電商業務的流量成本大概是多少呢？

我們以亞馬遜爲例。亞馬遜是根據品類抽取佣金的，佣金比例在8%~45%。除了要給亞馬遜交佣金，跨境電商企業若想讓自己的產品賣得更好，還要在電商平臺上投廣告。這些付給電商平臺的費用，大概可以理解成跨境電商企業要付給電商平臺的流量費。

如果不入住電商平臺，而自建網站呢？我們以透過Shopify建站爲例。

簡單來說，Shopify是一站式SaaS（Software as a Service，軟體即服務）電商服務平臺，爲電商賣家提供搭建網店的技術和模板，幫助賣家管理全通路的行銷、售賣、支付、物流等環節。Shopify的收費標準是根據品類抽取0.5%~2%的佣金，這比亞馬遜的抽佣比例低很多。但是Shopify是沒有流量的，所以商家還需要自己去Facebook、Google等獲取流量。舉例來說，透過自建站做成一單生意，流量成本會占到30%~45%。也就是說，海外消費者花了100元在你的自建站上購買了一款

商品,那麼這100元裡,你有30~45元要付給Facebook、Google等,成本也不低。

儘管如此,自建網站仍然是非常有必要的,因爲它能使商家直接接觸客戶,收集更多的客戶數據,能使資金周期更短,交易也更加安全。作爲跨境電商商家,不能僅僅把當前的流量紅利沉澱在銷量上,而要把紅利透過自建網站等形式沉澱在品牌上。畢竟,所有產品的最終歸宿都是品牌,品牌是持續的流量來源。

由此可見,跨境電商領域的競爭將會越來越激烈。而大量的國內電商企業、貿易商、生產商都被一種叫作「FOMO」（Fear Of Missing Out,錯失恐懼症）的情緒籠罩著、控制著,瘋狂地湧入跨境電商行業,生怕和發財的機會擦肩而過。跨境電商瞬間變成一片紅海,甚至一片血海。所有的資源都因爲爭搶而匱乏,因爲匱乏而漲價。看上去,跨境電商的紅利期已走到盡頭,如何在未來脫穎而出,成了所有跨境電商賣家都關心的事情。

真正的利潤來自客戶「不想離開」

在所有影響跨境電商的要素中,集裝箱海運成本的大幅上漲是不容忽視的一個。

你知道是什麼促進了全球化嗎?有很多因素,但其中有一個因素很容易被人們遺漏,那就是集裝箱的發明。

20世紀,美國卡車司機馬爾科姆・麥克萊恩(Malcolm Purcell Mclean)發現,卡車運輸是很高效的,但是很貴;水路運輸很便宜,但是速度特別慢。他想,能不能水陸聯運呢?於是,他用卡車、吊車、平板船接力,發明了「一個箱子、一種貨物、一個目的地」的運輸方式,大大提高了效率,降低了成本。集裝箱由此誕生。

如果不是因為新冠肺炎疫情,把一部iPhone 13從深圳蛇口港運到韓國釜山港,只需要幾分錢的運輸成本,低到幾乎可以忽略不計。正因為運輸成本低,大量的品牌商才願意把原材料用集裝箱運到中國,加工製造完後再用集裝箱運回本國。透過這樣的方式,海洋似乎變「小」了。所以,我在我的得到課程「商業通識」裡說:麥克萊恩「折疊了海洋」。我們甚至可以說,沒有集裝箱,就沒有全球化;沒有集裝箱,就沒有中國製造。

但是,你知道今天是什麼阻礙了全球化嗎?還是集裝箱。

因為新冠肺炎疫情，全球需求下降，但全球供給下降得更厲害。所以，最早恢復的中國供應鏈，把滿載貨物的集裝箱運到美國、歐洲國家，但並沒有太多的貨物需要從美國、歐洲國家運回中國，所以大量空集裝箱滯留海外。

缺運力，缺集裝箱，怎麼辦？為了解決這個問題，很多貨運公司把空集裝箱運回中國。「空集裝箱進口」的成本最終被加到了「出口」身上，於是，集裝箱海運成本越來越高。最終，一個集裝箱的海運成本從不到1500美元漲到了20,000美元。跨境電商行業也因此一下子從2020年的一飛衝天變成了2021年的跌落谷底。

我認識很多跨境電商企業的經營者，他們總有人會問我：「潤總，你判斷集裝箱海運成本什麼時候能降下來？」

我說：「你們真的希望它降下來嗎？」

一個行業能不能比另一個行業掙錢，是看這個行業有沒有「紅利」。但是這個行業中哪個環節或哪個企業能掙錢，就要看哪個更「稀缺」。在一個價值鏈條中，誰稀缺，誰就掙錢。所以，集裝箱海運成本降下來真的是好事嗎？如果連最稀缺的資源──物流的價格也降下來了，就意味著跨境電商行業的這波紅利已經徹底結束了。那些純粹憑著一腔「想賺錢」的熱血和「碰碰運氣吧，萬一掙到錢了呢」的心態進入的「小白」，會憑實力把自己曾經靠運氣掙來的錢賠光。

我曾經訪談過不少做跨境電商的人，他們的公司規模各不

相同,有年銷售額幾千萬元的,也有幾十億元的。對於我提出的問題,他們一向知無不言,言無不盡,這讓我非常感激。但是,當我問到「你們是做什麼產品的」時,他們都會面露難色,非常猶豫地回答我,然後反覆叮囑我:「潤總,千萬別告訴大家。」

我問:「爲什麼?」

他們說:「這是行規。大家交流經驗可以,但不能談到具體的產品。我好不容易找到一個賺錢的品類,如果別人聽說賺錢也來做,那我就不賺錢了。」

肯德基會請求你「千萬不要告訴別人我們是做炸雞的」嗎?星巴克會請求你「千萬不要告訴別人我們是做咖啡的」嗎?跨境電商企業在物流成本高企時居然要靠「不能讓別人知道我是做什麼產品的」這種資訊不對稱來賺錢。那麼,萬一運氣不好,別人碰巧也做了這一個品類,是不是利潤就無從談起了?

那靠什麼賺錢?靠打好最後一段「跨境加時賽」賺錢,把紅利變爲眞正的利潤。

假如滿分是10分,中國出口跨境電商的總規模原來是6分,因爲新冠肺炎疫情,這個總規模當下漲到了9分。新冠肺炎疫情結束後,一定會有一些客戶出於對原來品牌的習慣和對你的產品與服務的不滿,回歸原來的品牌。所以,新冠肺炎疫情結束後,跨境電商行業的潮水會退去,分數會從9分掉下

來。

但是，無論如何，分數一定不會掉到6分。這是因爲還有一些客戶會覺得：哇，原來你們家的產品與服務一點都不比別人的差，以後就買你們家的東西了。所以，總規模不會回到6分，可能會到7分或者8分。這波潮水退去後，沒有被潮水帶走的剩下的那1~2分，才是眞正的利潤來源。

眞正的利潤，不是來自客戶「不得不來」，而是來自客戶「不想離開」。

但是，最後到底誰才能在紅利褪去後賺到錢呢？

這就要看大家在「跨境加時賽」中的表現了。

穩住，才能贏這場「跨境加時賽」

什麼叫「跨境加時賽」？

2020年新冠肺炎疫情剛暴發時，我諮詢了很多專家，向他們請教新冠肺炎疫情大概什麼時候會結束。他們的回答非常一致：看疫苗什麼時候普及。根據當時疫苗的研發進展，他們估計，到2021年7~8月，疫苗應該能普及。

果然，到了2021年7~8月，全球的疫苗接種率大幅上升。根據世界衛生組織公布的數據，截至2021年11月22日，全球共接種了約77.1億支疫苗。而中國已經接種了約24.4億支疫苗，覆蓋人口約11億，超過全國總人口的70%。

疫苗一旦真正普及，全球供應鏈將全面復甦。那時，跨境電商這一戰才算真正結束。

但是，變數突然出現。2021年8月，新冠肺炎病毒的Delta變種突然流行，這讓本來已經打算進入「後疫情時代」的人們措手不及。從任何角度來說，Delta變種的出現都不是一件好事，整個世界將為此蒙受更大的損失。

此外，它帶來了一個連帶結果：跨境電商這一戰「加時」了。跨境電商賣家多了一點點時間，把客戶從「不得不來」變為「不想離開」。

這是一場意外的跨境加時賽，跨境電商行業的參與者們必

須打好這場比賽。

那麼,該如何打好這場加時賽呢?最重要的是服務好客戶,維護好客戶,保護好這些難得的資產。

可能有人會說:哪家公司不是在服務、維護客戶啊?還真不一定。為了保護好這些海外客戶,跨境電商賣家可能要付出更多。

為什麼?

想一想:他們會找到你,是因為你的產品和服務足夠好,效率足夠高嗎?不一定。是新冠肺炎疫情讓很多海外客戶不得不做出這樣的選擇。但無論如何,潮水總會退去。加時賽結束後,他們還會選擇你嗎?不一定。所以,作為跨境電商賣家,一定要給他們「確定性」,讓他們覺得你是靠譜的、穩定的、值得信賴的,只有這樣,才有可能在加時賽結束後讓客戶繼續選擇你。

具體應該怎麼做呢?

也許可以試著從物流、資金流、資訊流三個方面去尋找改進舉措,在這個充斥著不確定性的時代給海外客戶以「確定性」。

1.物流

跨境電商賣家怎麼做才能讓海外客戶在物流上感受到確定性?最基本的一條原則是按時到貨。

可是，跨境電商的物流路線長，再加上新冠肺炎疫情的影響，不確定性因素很多。比如，2021年3月23日發生在蘇伊士運河的擱淺事件導致全球近1/3的集裝箱運輸停擺。再如，2021年5月21日深圳鹽田港出現了新冠肺炎疫情，疫情之前鹽田港承擔著廣東省超1/3的外貿進出口貨量、中國對美貿易約1/4的貨量，但疫情發生後，鹽田港的作業量只相當於正常水平的30%。這時，如果你的貨恰好在這些船上，那麼你無論如何都沒辦法確保你的貨能及時發給客戶。但客戶可不考慮這些原因，只要有一次沒有及時收到貨，你在他們心中就會減分。除了這些突發事件，海運領域還會出現「貨櫃荒」、「爆艙」、「甩櫃」、「塞港」等一系列運力緊張問題。

為了應對這些挑戰，跨境電商賣家可以從兩點入手：一是提前準備，做好規劃，二是把貨放到海外倉。當然，這兩個建議各有利弊，比如，用海外倉不但會提高倉儲成本，同時會導致庫存風險。所以，你需要認真權衡。

現在也有很多電子商務平臺在發力解決物流問題，比如阿里巴巴國際站在數字外貿的基礎設施建設上不斷加碼，嘗試為商家提供更穩定的物流服務，幫助商家降低成本，提高確定性。

2.資金流

資金流最大的不確定性，來自收款風險和匯率波動。比

如，你辛辛苦苦做成了一單卻沒收到款，或者因為匯率波動，收到的錢款遠低於預期，導致白忙活一場。再如，海外客戶用信用卡付款，過了一段時間，他申請取消訂單，款會退給客戶，但你的貨已經發出無法退回，這也會讓你蒙受損失。

現實中，為了規避風險，很多賣家會把風險轉嫁給海外客戶。比如，要求海外客戶先付款再發貨，或者提高訂金比例。這樣做確實能降低賣家的風險，但是會讓海外客戶感到不舒服——新冠肺炎疫情期間他們別無選擇，只能與你交易，但等加時賽結束了，或許他們就會離你而去。

怎麼解決這些問題呢？

首先，一定要相信這個世界上還是好人多，不能讓個別海外客戶的不良行為影響你對整個海外客戶群體的判斷。把風險轉嫁給海外客戶，並不是一個好的選擇。把風險留給自己，把優質的服務和產品留給客戶，才會留住更多的客戶。

其次，要善用工具規避損失，比如用外匯期貨對沖風險，或者購買相關保險產品規避買家拒付風險。

阿里巴巴國際站就推出了一些舉措來幫助賣家解決這些問題。比如，面對海外使用信用卡的客戶惡意申請退款這一問題，商家可以使用阿里巴巴國際站的信用卡拒付保障服務。這樣，就算買家拒付，阿里巴巴國際站也會兜底，不會讓商家受損失。再比如，面對匯率風險，阿里巴巴國際站推出了「鎖匯寶」，透過這個工具，商家就可以提前鎖定遠期匯率，等到正

式結匯的時候，無論匯率有什麼變化，都可以用這個固定的匯率結算。

3.資訊流

在新冠肺炎疫情暴發之前，海外客戶多是透過參加展銷會、試用產品以及派人探廠[44]來瞭解商品資訊的。但是新冠肺炎疫情來了之後，這些方法都行不通了。這時，很多商家開始利用直播這種全新的方式。

爲什麼直播也能像線下體驗、探廠一樣給海外客戶確定性呢？因爲直播可以給客戶帶來非常豐富的資訊。比如你要賣手機，直播時可以360度爲客戶展示手機的樣子，還可以透過現場使用來展示操作是否流暢、待機時間有多長，甚至還可以告訴客戶，這款手機的手感如何。

所以，有了直播，客戶就可以選擇不去線下體驗、探廠了。阿里巴巴國際站總經理張闊對我說，自2020年5月起，在半年多的時間裡，阿里巴巴國際站累計舉辦B類直播[45]超過20萬場，現在每天有超過1600場直播。這些直播的作用就是替代以前的展銷會，進行產品介紹、線上探廠。

阿里巴巴國際站上的直播是多種多樣的，既有探廠直播，帶客戶看產品是如何生產出來的，也有新品直播，做新品發

---

44 編注：選出消費者或博主實際去製造工廠探訪。
45 https://www.huya.com/17584955

布,還有評測直播,進行「黑科技」展示。這些直播可以向海外客戶傳遞豐富的資訊,讓客戶有「身臨其境」的既視感,使其更好地理解產品,並且對商家的規模、產能、管理、產品也有全面的認識,從而更加信任商家。

期待你在物流、資金流、資訊流這三個方面找到可以改進的舉措,在巨大的不確定性中給海外客戶以確定性。而這所有的舉措都是為了讓你穩住,穩住海外用戶,穩住自己的生意,穩住自己——只有穩住,才能打贏這場跨境加時賽。

穩住是非常重要的,因為這場跨境加時賽是對我們的一種考驗,考驗我們能不能在這場激烈的競爭中依然堅守長期主義。

不確定性越高,人們越容易做短期選擇,追逐眼前利益。但是,我希望你明白,任何短期的波動,背後都必然有一個長期趨勢,那就是無論在什麼情況下,都應該去做客戶最值得信任的合作夥伴。這才是你要堅守的長期主義。

跨境電商要走向專業化、品牌化和本土化

2021年5月,在跨境電商領域,發生了一場「封號大地震」。據深圳跨境電子商務協會統計,亞馬遜重拳出擊,封了差不多5萬個中國賣家的店鋪,造成的損失可能超過千億元。深圳排名前5名的店鋪被封了4家,其中一家員工多達2800人的公司直接宣布破產倒閉。

業內人士說,大多數店鋪被封的原因是被平臺審查出存在「不當使用評論功能」、「向消費者索取虛假評論」、「透過禮品卡操縱評論」等違規行為。簡單來說,就是「刷單[46]」。

被封的賣家覺得委屈:「為什麼封我啊?我沒做錯什麼啊。發貨的時候順便放一張小小的禮品卡,謝謝用戶的購買,求個五星好評,有錯嗎?這太正常了吧。大家都是這麼做的。這也能叫事兒?」

的確有很多賣家會這麼做。你在電商平臺買東西時,收到的快遞包裹裡是不是通常也會放著一張小小的卡片?卡片上通常會寫:「你喜歡我們的商品嗎?如果喜歡,給個五星好評吧,憑好評截圖可以獲得5元代金券。」幾乎每個國內賣家都在做這樣的事情,這簡直太平常了。但是這麼做的賣家很多,

---

46 編注:店家付款請人假扮顧客,用以假亂真的購物方式提高網店的排名和銷量獲取銷量及好評吸引顧客。(資料參考自百度)

不代表這麼做就是對的。

在電商平臺的搜尋結果裡，排在前面的商品總是比排在後面的商品賣得好一些。那誰應該排在前面呢？當然是好評多的——「一個商品得到的好評越多，越值得向消費者推薦」，這是一個非常合理的邏輯。

一旦我們可以用5元來「買」好評，這個排序就被「污染」了。當消費者出於信任購買了一件好評如潮的產品但發現它其實並不怎麼樣時，他就受騙了。不僅是消費者受騙了，真正的好產品也會被埋沒，誠信經營的賣家會被擠到後面去。那些誠信經營的賣家努力打磨產品，優化服務，讓消費者獲益，但是不管多麼辛苦，都不如別人動動手指「刷一下」。這樣下去，就會導致劣幣驅逐良幣，最終市場變得一片混亂。

在全球化的道路上，靠小聰明獲取流量的模式，只會讓你的路越走越窄。想要在跨境加時賽中獲勝，一定要拋棄這種思路，走向真正的專業化、品牌化、本土化。

1.專業化

前面說過，行業賺錢看「紅利」，企業賺錢看「稀缺」。所以，想要保持自己的競爭力，在行業裡賺到錢，對跨境電商賣家來說，最重要的是想辦法讓自己「稀缺」，這樣才有定價權，才能保證自己的利潤。

回顧新冠肺炎疫情暴發初期口罩的「歷史」，你就能更好

地理解這一點。

新冠肺炎疫情剛開始時，單個口罩從0.4元一下子漲到4元。在利潤的驅使下，越來越多的工廠開始生產口罩，這時，工人開始稀缺了，於是，人工費越來越貴。然後，熔噴布又稀缺了……在一個產業鏈裡面，誰更「稀缺」，誰就更值錢，就能賺更多錢。

那麼，跨境電商商家應該怎樣讓自己變得「稀缺」？只有變得專業化。

有位做了10年跨境電商的「老鳥」，堅持9年不刷單。2021年上半年，因為大量新店進駐，亞馬遜的流量成本不斷上漲，他終於扛不住了，開始往包裹裡塞「小卡片」。2021年6月，他的店鋪被整體關停，銷量驟降為零，幾千萬元的庫存無法消化。

他一下子就崩潰了。很長時間，他的情緒都無法排解。後來，他回了趟老家，一個人靜靜地反思。兩天後，他想明白了：像以前那種鋪貨，什麼好賣就賣什麼的方式是不能長久的。

回到公司後，他把原來的供應鏈全部砍掉，建設有設計壁壘和研發壁壘的全新產品線，同時在多家電商平臺註冊，並開始自建站，從頭再來。回歸本質、回歸專業化之後，他的生意越做越好。

什麼是專業化？專業化就是「你明明知道我在做什麼，但

你就是做不過我,因為我做得比你好」。

在跨境電商行業,要做到專業化,很重要的一點是優化供應鏈。要優化供應鏈,就要找到真正可靠優質的工廠,和這些工廠合作。如果能找到源頭工廠,減少中間環節,那就更好了,你會有更大的利潤空間。

但是,這些工廠非常分散,要找到它們並不容易,你可以利用一些工具,比如阿里巴巴旗下的網站1688。1688上有近百萬家源頭工廠,你可以去溝通、測試、篩選,構建穩定高效的供應鏈。

關於穩定高效的供應鏈,1688的員工曾經給我舉了個例子。有一家叫科佰實的公司,是專門生產吊扇燈的。科佰實的工廠具備歐美認證資質,但也能提供小批量、多批次的訂製服務。這是它的一個很大的優勢,因為同樣具備歐美認證資質的工廠,起訂量一般是2000件,科佰實卻把起訂量調整為200件。這樣,它可以用更快的速度、更低的成本去測款。

2020年,科佰實在美國加利福尼亞州等地建了面積超過4500平方米的海外倉庫,可以做到在美國市場分銷一件代發。因此,即使一些客戶的起訂量連200件都不到,科佰實也可以直接從海外倉庫一件發貨,這不但為客戶節省了成本,還提高了效率。

所以,跨境電商賣家想要讓自己變得稀缺,一定要讓自己變得專業,要有穩定、高效的供應鏈。好的供應鏈,能提高商

品的良品率，減少退貨；能提高商品的返單速度，減少庫存。這些節省的成本，從另一個角度來說就是利潤。

跨境電商這個行業，過去有巨大的紅利時，大家手上拿的是一張張彩票。但是現在環境變了，要檢票了。而專業化是這場跨境加時賽的門票。錯把彩票當門票的，需要注意，真正的門票上印著「專業化」的標籤。

2.品牌化

你知道在美國人眼中中國最知名的五個品牌是哪五個嗎？

郭杰瑞是美國人，是知名網路影音博主，在YouTube上有68萬關注者，在嗶哩嗶哩上有700多萬關注者。有一次，他分享了他眼中的中國最知名的五個品牌。

第五名是青島啤酒，這可能讓你有些意外。第四名是海爾，這很容易理解。第三名是安克，可能很多人都沒有聽說過這個品牌。安克在中國並不知名，但在美國卻家喻戶曉。安克一款售價10.99美元的充電器是亞馬遜上最暢銷的充電器。除了充電器，安克還做戶外用的大型充電站、鏡頭、轉換器等。安克的總部在長沙，但是很多美國人都以為它是歐洲品牌，因為它品質好。安克有大約1350名員工，超過一半是研發人員。到2020年底，他們設計的產品已經累計獲得700多項專利。在亞馬遜大獲成功後，安克開始大力發展線下通路，現在安克50%以上的銷售都是透過亞馬遜之外的通路完成的。所以，如

果你現在說安克是亞馬遜賣家,它的經營者可能會不高興,因為安克已經不依附於這個網站,而是依附於消費者心智。排名第二和第一的品牌是聯想和大疆。

你知道在非洲人眼中中國最知名的品牌是什麼嗎?

2015年我去非洲爬山,我的嚮導舉著自己的手機對我說:「你知道嗎?這是中國最知名的手機。」他的手機品牌是TECNO,我從來沒聽說過,也沒見過。後來才知道,這款手機是中國深圳的傳音科技生產的。傳音科技主攻市場底子雖薄但發展潛力巨大的非洲市場,從傳統市場到手機專賣店,從戶外看板到電影音道,從內羅畢的機場道路到坎帕拉的貧民窟,幾乎所有有牆的地方,都有TECNO的廣告,就連路邊電線桿上的「膏藥廣告」也有TECNO的身影。正因為如此,TECNO在這裡占有很高的市場份額,積累了數以億計的粉絲,是非洲人心目中最好的手機品牌。

這就是品牌的力量:當美國消費者想買充電器時,他們會在亞馬遜上搜「安克」而不是搜「充電器」;當非洲消費者想買手機時,他們腦海裡第一個浮現出的詞是「TECNO」。只有占領了消費者心智,品牌(企業)才會成為紅海中的優先選項,而這也是跨境加時賽中最重要的規則。

品牌一旦打響,你再也不需要花高價與其他賣家搶流量了。省下來的流量成本,就是你的品牌溢價。

3.本土化

呂翠峰是思銳國際物流CEO，她的朋友稱她為「非洲女王」，因為她是做物流生意的，在中國和非洲之間點對點地運輸大量物資。最近，她開始在國內做「牛油果乾」的直播帶貨。

我很好奇：「你轉型力度有點大啊，為什麼？是因為非洲生意不好做嗎？」

她回答說：「不是，是因為好做。但好做也有好做的煩惱，我遇到了很多在中國做生意想像不到的煩惱。」

我問：「是不安全嗎？」我去過坦桑尼亞，在那裡的超市買東西時，我發現保安背著自動步槍。

她說：「是貨幣的煩惱。你想去非洲做工程，你想去非洲賣手機，挺好。但去之前，你需要知道的是，一些非洲國家，比如奈及利亞、盧安達、剛果、莫三比克、尚比亞等國的政府是沒有足夠的外匯儲備的。也就是說，你在這些國家賺了錢之後，是沒辦法透過銀行把這些本地貨幣換成美元轉回中國的，因為它們沒有足夠的美元。」

我很驚訝：「還有這種事？賺的錢還能拿不回來？那怎麼辦呢？」

呂翠峰的方法是為那些同樣有這種煩惱的客戶提供「物物交易」的服務。

什麼是「物物交易」？就是你賣手機，換回的不是現金，

而是牛油果；你做工程，得到的薪酬不是現金，而是咖啡豆；你賣水泥，換回的也不是現金，而是芒果和菠蘿蜜。在「物物交易」之後，呂翠峰利用自己的運輸優勢，把這些水果運回中國，在中國市場上賣掉，把它們換成人民幣。呂翠峰之所以搞直播帶貨，本質上不是爲了賣水果、賣咖啡，而是爲了把錢帶回中國。

當你坐在上海的辦公室裡，方便快捷地用支付寶、微信付款的時候，可能不會想到現在非洲正在使用物物交易這種失傳已久的交易方式。這正應了那句話：「不是最強壯的，也不是最聰明的，而是最適合的才能生存。」

上面這個問題要得到徹底解決，要等到人民幣國際化。而在這之前，呂翠峰說，一定要理解當地的不同，接受當地的不同，然後入鄉隨俗。

「入鄉隨俗」就是我們說的本土化。

什麼叫本土化？就是不要用本國的經驗推測全球。

假如你想到東南亞投資建廠，現在有四個選擇──越南、泰國、印尼、菲律賓，你會選哪裡？或者反過來問，如果你是這四個國家中某個國家的招商局局長，你打算怎麼說服中國投資人來建廠？人工成本便宜？政府辦事效率高？技術設施完善？這些都是合理的理由，但我們來看看菲律賓是怎麼說的──「我們罷工少」。

你可能很難想像，到東南亞建廠居然要如此認眞地比較各

個國家的罷工次數。

我曾經在微軟工作十幾年,有一任上司叫華宏偉,他曾經說過一句話,給我留下了極深的印象,儘管他自己可能都不記得。他說:「所謂全球化,就是在每個國家本土化。」

2022年,一場「跨境加時賽」將到來。那些能對供應鏈和物流體系有專業化掌控力,用品牌化獲得產品溢價,用本土化獲得消費洞察的企業,才能獲得眞正的成功。

選品不能靠運氣，利用大數據輔助選品是趨勢

對跨境電商賣家來說，選品是一個巨大的痛點。正因為如此，那些跨境電商賣家才不願意分享自己做的是什麼產品，唯恐做的人太多導致自己賺不到錢。但是，誰也不知道什麼樣的產品能賺錢，似乎一切只能碰運氣。

那麼，如何才能不靠運氣選品？

我和1688的員工們聊天時發現，他們有一個思路——利用大數據選品，這對我很有啟發。

在1688上，用戶可以搜爆款，找同款。

搜爆款，就是在1688上找到現在賣得非常火爆的產品。基於大數據，1688做了「跨境熱銷榜」和「跨境飆升榜」。跨境熱銷榜是以商品的GMV[47]、買家數、銷量作為排序因子生成的一張跨境產品熱銷榜單，這張榜單可以幫助跨境電商賣家更好地看清市場趨勢。跨境飆升榜是根據上周與上上周的銷量增幅比值結合熱銷指數對產品進行排序，這張榜單可以幫助跨境電商賣家更好地發現潛在商機。1688希望透過大數據讓跨境電商賣家知道現在什麼產品賣得好、賣得快，幫助它們更好地選品。

---

47 編注：Gross Merchandise Volume，網站成交金額。

如果跨境電商賣家有很好的嗅覺敏銳度，發現了好的產品，怎麼辦？這時，可以找同款。跨境電商賣家可以直接透過熱銷爆款的圖片搜尋國內能夠製作同款的工廠。

　　在貨源的豐富度上，1688涵蓋了時尚女裝、數碼3C、汽車配件、童裝玩具、家居家紡、美妝百貨等30多個熱門類目。可以說，想要搜同款，在1688上大多都能搜到。

　　找到好的產品，接下來要做的是開始銷售。這時，平臺大數據會對產品的銷售情況進行分析和反饋，從而幫助跨境電商賣家根據消費趨勢和客戶需求進行產品迭代。

　　我們還是以科佰實為例。科佰實想要把握市場，有兩種方法：一是進行實時數據分析；二是讓透過1688找上門來的客戶直接反饋，和他們進行交流。科佰實雖然在廣東省中山市，但是透過這樣的方式就能直接瞭解大洋彼岸的客戶的需求。科佰實推出的型號為52144的吊扇燈，就是其在瞭解到美國的中高端用戶希望配套的遙控器帶有記憶功能從而對晶片進行迭代研發出來的。當看到國外用戶評論說不僅想要三色變光還想要調光功能時，科佰實也第一時間對產品進行了改進。

　　所以，未來利用大數據輔助選品、迭代產品，是一種必然的趨勢。依靠資訊差賺錢的階段很快會過去，選品不能靠運氣。

商家和源頭工廠要合作共贏

我參加過很多關於跨境電商的論壇和活動,和無數跨境電商賣家交流過,我有一個強烈的感受:要做跨境電商,一定要有一個基本的認知,那就是商家和源頭工廠一定要合作,雙方要在這個市場裡合作共贏。

我有一位朋友是做工廠的,他告訴我,原來他的產品出廠價是20元,經過層層分銷,最終這些產品會被賣到歐美的線下店,售價是100元。從20元到100元,這中間的80元是被各個通路分走了。

於是,他嘗試自己做跨境C類的賣家,發現利潤更高了。

他的產品在歐美線下店的售價是100元,而在他的網店裡的售價是60元。這樣一來,就等於產品的出廠價從20元提高到了60元,而消費者購買的價格從100元降到了60元——他賺到了更多錢,消費者也省錢了。

我為他感到高興,但同時我也提醒這位朋友:「你現在賺的錢是紅利,但從長遠的角度來看,你一定會面對挑戰。」

他很不解地問我:「為什麼?」

他的產品之所以賣得不錯,有一個前提是歐美的線下店已經幫他定義了產品。他已經知道,這個產品應該是什麼樣子的,有什麼功能,能滿足消費者的什麼需求。工廠距離消費市

場其實是很遠的,如果不能及時捕捉到消費者需求的變化並進行產品迭代,他的產品就會賣不出去。這是他早晚有一天會面對的挑戰。

我和這位朋友說,工廠更擅長的是品質管理,這是工廠的優勢,要一直保持。同時,要想辦法離消費者近一點,再近一點,真正地理解消費者。

怎麼讓工廠離消費者更近?我和阿里1688的員工交流時,他們有一個很好的想法:讓1688平臺上的工廠可以觸及淘特[48]平臺上的消費者。這樣,它們既能做批發定製,也能做零售生意,可以更直接有效地接觸到消費者。

1688希望透過這樣的方式賦能工廠,同時幫助商家找到好的工廠,讓雙方合作。因為只有合作才能把市場做大。

那麼,怎樣能讓工廠和商家實現更好的合作?

1688的員工對我說,這是他們一直以來在思考的問題。1688想成為一座堅實的橋梁,把兩端連接在一起。工廠借助1688以及阿里巴巴生態內的零售平臺,可以得到更多、更豐富的大數據,也能接觸更多商家,從而更好地理解市場,培育出洞察趨勢的能力。商家借助1688可以找到更多好的源頭工廠,擁有穩定高效的供應鏈。

想要雙方合作共贏,還要線上線下結合。在線上,1688讓

---

48 https://ltao.com/

雙方更容易地找到彼此。在線下，1688會組織各種展會，邀請源頭工廠到線下和商家見面，讓雙方建立對彼此的信任。在展會上，1688透過提供各種服務，使商家可以直接瞭解和接觸到工廠，比如：「1分錢拿樣」，商家只需要花1分錢就能瞭解到產品的品質，對工廠進行篩選；「影音連線廠長」，商家想要看廠、看貨、看樣，都可以直接連線；「10萬+源頭廠貨」，這些廠貨既能體現工廠的生產能力，也能讓商家發現商機。

　　工廠透過商家的需求，能更加理解消費者：為什麼消費者想要這個功能？這個需求反映了當下的什麼趨勢？為什麼商家會關注良品率、柔性程度、代工能力？

　　讓商家感受到強大的供應鏈能力，讓工廠體會到真實的消費需求，1688就像一座橋梁，把兩端堅實地連接在一起。

跨境電商終將成為傳統行業

所有的行業從新生到成熟都會經歷三個時期，每個時期的市場機會和策略都是不一樣的，跨境電商行業也不例外。

第一個時期是行業紅利期，增速迅猛。伴隨著跨境電商的興起，B2C（Business To Customer，企業對消費者）模式減少了從外貿工廠到海外消費者的中間環節。在這個階段，只要有產品，基本都能賺錢，跨境電商賣家的競爭對手是外貿工廠。

然而，隨著越來越多的賣家入局，外貿工廠淪為跨境電商供應鏈條中的一環。跨境電商賣家的競爭對象不再是外貿工廠，而是其他賣家。此時，同一種類型的賣家營運流程基本一致，比拚的不再是商業模式，而是營運效率、市場敏銳度和成本把控能力等，此時，企業需要的是進行基本功訓練。

第二個時期是穩定期，增速放緩。這是各個跨境電商賣家快速拉開距離的關鍵時期，不管是鋪貨賣家、精品賣家還是自建站賣家，都開始精耕細作。

在這個階段，比拚的不僅僅是營運效率、成本把控能力等基本功，還有企業的管理效率、組織流程和架構的優化、人才制度、激勵制度等。這時，企業需要的是進行內功的修煉。伴隨著企業內功的不斷增強，各類目和各細分賽道的龍頭企業開始出現，這時候，行業紅利逐漸消失，組織紅利開始出現。

目前,跨境電商行業已經從行業紅利期走到了組織紅利期。當行業的毛利率下降到社會平均利潤率時,就會從第二個時期過渡到第三個時期。

第三個時期是成熟期,行業會成為傳統行業。所有的新興行業在完成了規模化增長、技術升級、管理完善之後,都會不可避免地成為傳統行業。在這個時期,企業之間的競爭將回歸品牌的競爭,消費者更熟悉、更信任、更忠誠於哪個品牌,哪個品牌就能獲勝。

這也是我屢屢提到的:所有的紅利,最終都是**趨勢**的紅利。產品從來都不是企業的核心競爭力,透過產品不斷沉澱下來的品牌才是真正的核心競爭力,產品的最終歸宿是品牌。

所以,企業一定要重視品牌和管理,要儘快實現管理從混沌走向有條理。

第一,跨境電商企業的管理者必須建立起管理意識。所有的行業都有一個規律:在行業紅利期快速增長、賺到錢的企業,如果不知道錢是怎麼來的,不知道如何修煉管理內功,賺到的錢最終還是要返還給市場的。

第二,跨境電商企業的管理者透過學習、培訓等方式,明晰管理框架和體系,不斷加深對管理的理解。管理涉及的範圍很廣,包括產品戰略、組織戰略、財稅管控、人才梯隊搭建、人才培養、激勵制度與績效體系的打造等。管理者雖然不必對每一個板塊都了然於胸,但一定要明晰整個框架和體系,不斷

提煉出適合自己公司的管理方法論。

最忌諱的是管理者事事親自動手。專業的事應交給專業的人來做。花錢請專業的人做自己不懂或者不擅長的事，把自己的精力放在自己精通的核心業務上，對管理者來說，收穫的價值更大。

第三，跨境電商企業的管理者要為企業建立自己的護城河。當別人沒法往前跑的時候你往前跑，同時在身後挖一條河，當別人開始追你的時候會發現追不上了，因為你們之間有一條跨不過去的河，這樣你又能繼續往前跑。

簡單來說，企業護城河有五條。

第一條護城河是無形資產，包括品牌、專利、特許經營等。如果在紅利期你沒有把產品做成品牌去賣，沒有形成品牌沉澱，那麼在紅利消失的時候，你的產品也會跟著消失。安克（生醫）、SHEIN（快時尚）都是很好的例子，在我看來，這兩家企業的共同點都在於持續地在海外市場上打造品牌。

把產品做成品牌的底層邏輯其實是一樣的。為什麼大家覺得生意越來越難做了？因為過去都是增量生意，大家沒有關心存量。現在企業之間的競爭，是針對存量的產品之爭。這就需要我們用動態的眼光看待產品的投入期、成長期、成熟期、衰退期。

在不同的產品生命周期階段，企業應有不同的側重點。企業核心的考慮因素有銷售、成本、價格、創新能力、競爭對

手、利潤,在每個階段的側重點都是不一樣的。

投入期,創新能力最重要,企業需要考慮打造專利護城河——讓別人做不出你的產品,搶不走你的客戶。

成長期,銷售最重要,企業應持續打造規模效應。隨著市場規模的不斷擴大,快速搶占市場,還能不斷降低成本。

成熟期,最核心的是透過多元化的產品滿足消費者差異化的需求來賺取利潤,這時需要持續打造網絡效應和品牌護城河。

衰退期,則應不斷降低成本,延緩產品的衰退。

雖然我們總想極力延緩產品的衰退,但是單個產品最終都會走向衰退期,能長存的一定是品牌,跨境電商也是如此。

現在跨境電商還在普遍吃紅利的狀態,很難看到品牌的魅力。但我們要看到即將發生的事,做品牌、做管理都是「三年種樹,五年開花」,一步步沉澱,慢慢才可看到企業的改變。如果到了競爭最激烈的那一天才開始做品牌、做管理,已經晚了。

第二條護城河是成本優勢,規模效應和管理優化都能帶來成本結構的優化。舉個例子,別人和你做同樣的產品,但你就是比他賺錢,核心原因不是你的價格比他低,而是你的成本比他低。

就像SHEIN,每天上架兩三千款,一旦發現新款SKU（Stock Keeping Unit,庫存保有單位）不好賣就馬上停止生

產,而好賣的SKU最快7天就能生產出來,所以它的庫存成本很低,這是透過規模和供應鏈管理優化得來的。

第三條護城河是網路效應,包括用戶和生態。以做衣服為例,如果你找到了質料、工廠、客戶,形成了整合供應鏈上下游的生態,別人很難把它們挖走。

第四條護城河是遷移成本,涉及習慣和資產。舉個例子,蘋果手機用戶換回安卓系統手機需要重新適應系統操作,這就是他的遷移成本。資產包括用戶的數據,如體重機、體脂機等產品使用後累積的大量數據,對於用戶來說,換新產品重新累積數據的成本很高,所以他會對原來的產品非常忠誠。因此,你要想讓你的用戶非常喜歡你的產品,就要先讓他離不開你的產品,讓他有資產和習慣在你這裡。

第五條護城河是管理。管理是永遠的護城河,這句話有兩面:第一面就是管理永遠都是有價值的;第二面是沒有人可以做到完美,總有可以優化的地方,總能提高和進步。因此,企業在發展的每一個階段都要重視管理,因為管理是動態的,很多成熟企業的管理能力都是在摸爬滾打中強大起來的。跨境電商企業的創始人和管理團隊要好好地補一補管理的課(包括組織架構、薪酬架構、員工激勵、財務制度、產品質量控制和管理、供應鏈管理等方面),心中有一個關於企業管理的整體框架,然後才能在遇到問題時,更好地解決問題。除此之外,還可以對標國內同行業的優秀企業,從它們身上學習怎麼做管

理，怎麼招人，怎麼管生產，怎麼做設計，提升管理效率。

第四，創新對跨境電商企業來說也是至關重要的。要從效率創新、模式創新、產品創新等方面進行多維度操作。

效率創新指的是提高生產效率（把產品價格做低、優化庫存和物流等），這也是一個重要的創新環節。

模式創新指的是對做生意的模式進行優化。比如，是依附於亞馬遜等平臺還是自建站，是做品牌精品還是做鋪貨，是賣具體產品還是賣服務，這些都關乎跨境電商企業在經營模式上的創新。

產品創新也是非常關鍵的。跨境電商企業不僅要做這個世界上已經被定義出來的產品，還要自己來定義一些有價值的產品。如果一家企業能做到這一步，說明它已經具備較強的研發能力，只要能利用研發能力製作出好產品，就能擁有定價權，從而保住利潤。

Part 8
瘋狂生長

世界在哪裡被撕裂，
就會在哪裡迎來一輪瘋狂生長

2021年，中國社會發生了很多變化，未來，變化還會更多。這些變化，不僅包括我們說的活力老人、數字石油、新消費時代、Z0世代、流量新生態、跨境加時賽，還有很多。

面對這些變化，如果你感覺這個世界正在被撕裂，如果你感覺焦慮，這是非常正常的事情。你不必自責，但是，你需要儘快平靜下來。

因為，這個世界在哪裡被撕裂，就會在哪裡迎來一輪瘋狂生長。

1.教培（「教育培訓」的簡稱）行業

2021年7月24日，中共中央辦公廳、國務院辦公廳印發了《關於進一步減輕義務教育階段學生作業負擔和校外培訓負擔的意見》，這給教培行業帶來了很大的變化。隨後，中國民辦教育協會（新東方、好未來、作業幫、猿輔導等120家全國性校外培訓機構都是該協會成員）發出《中國民辦教育協會率有關校外培訓機構聯合發出倡議書》，堅決擁護新政策，並將加快轉型成校內教育的「有益補充」。

可是，教培行業的未來路在何方？其實，教培行業至少有

9個轉型方向（見圖8-1）。

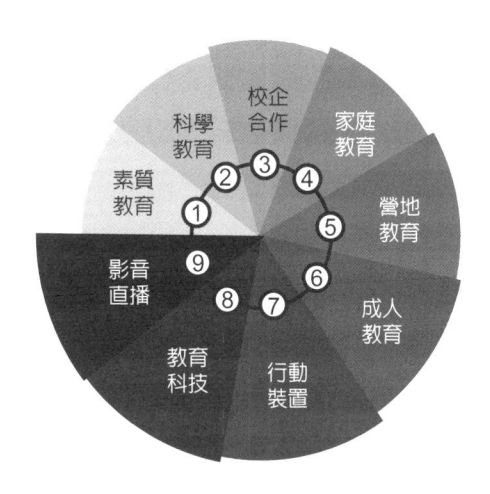

圖8-1　教培行業的9個轉型方向

素質教育是轉型方向之一。「雙減」政策的直接目的是降低學生的學科壓力。降低學科壓力之後，家長才能有心，孩子才能有力，整體素質才能提高。什麼是「整體素質」？音樂、體育、美術是整體素質的基本盤。

2021年5月6日，教育部召開新聞發布會提出要讓每個學生都能掌握一兩項藝術特長。我對此深有感觸。有一次，我和著名設計師、洛可可創始人賈偉老師一起直播，我問他，如何提高美感？他半開玩笑地說：「你是沒什麼希望了。因為美學教育需要從小耳濡目染，只有沉浸進去，日復一日，你才能感受

美,創造美。你兒子也許可以。」讓孩子從小接受美學教育,他們長大後才能像賈伯斯一樣,把科技和藝術完美結合。

向素質教育轉型,是很多教育巨擘的共識。但是,素質教育並非剛需,市場規模有限,這個市場的競爭一定會無比慘烈。怎麼辦?很多機構也在嘗試別的賽道,比如科學教育。

在中美貿易摩擦的背景下,整個中國都深刻體會到了掌握核心科技的重要性。沒有核心科技,隨時可能會被「卡脖子」。

教育部前部長陳寶生曾表示:根據大中小學生的不同認知特點,讓人工智慧新技術、新知識進學科,進專業,進課程。所以你可以想像,在STEM+A也就是科學(Science)、技術(Technology)、工程(Engineering)、數學(Mathematics)以及人工智慧(Artificial Intelligence,AI)的土地上,也會迎來萬物生長。

但是,和素質教育一樣,科學教育這個賽道需要全新的老師、全新的招生團隊,甚至在軟體系統上也需要不小的投資。對於那些小型的線下培訓機構,這並不容易,怎麼辦?校企合作也許是個選項。

根據新政策,學校要保證課後服務時間,並提高課後服務品質。但是,很多學校沒有足夠的資源和專業能力提供這些服務,這時,成為校內教育「有益補充」的機會來了。新規說,課後服務一般由本校教師承擔,也可聘請退休教師、具備資

質的社會專業人員或志願者。中小培訓機構和學校合作，從TO C模式轉型爲TO B模式，也許是一條全新的思路。當然，TO B的合作，需要教培機構充分理解學校的運作機制、決策流程，並接受嚴格的管理。這對教培機構的能力提出了新的要求。

你也可以試著把現有的資源用於不同的客戶，比如做成人教育。如果說K12學科培訓廝殺的主要原因是中考、高考引發的補教剛需，那麼，另外一個補教剛需市場就是成人教育。爲了找工作，爲了升職，爲了創業，尤其是爲了考證，很多成年人需要培訓。除此之外，成人面試培訓、數字化培訓以及與企業聯合培養職業人才等都是可以探索的方向。

有一家機構叫作快酷英語，它的創始人叫王軍。快酷英語按照國家要求，停止了國內青少兒課程的銷售和續費，然後開始思考，如何根據自身特點轉型。

那它的特點是什麼？就是師資都在海外，口語很強。它在菲律賓建的實體學校，每年能接待6000名來自世界各地的語言學習生。而成人英語教育，更在乎的是能開口說。「我們能不能利用這個海外師資的優勢，爲國內的企業提供成人英語口語課程呢？」於是，它和有50年歷史的英國凱倫英語學校合作，引進高效提升口語水平的凱倫方法課程，然後配合海外教師，開始轉型。

從嚴格意義上來說，「得到」、「混沌」等大量的創業教

育、商業教育、通識教育機構都屬於成人教育這個賽道，只是內容偏重不同。

這個賽道上過去多是傳統的、散落的培訓機構，教培機構是有機會進入並且形成規模效應的。

但是，做服務，即使能透過擴大規模降低成本，提高經濟效益，規模效應也是有限的。有沒有可以擺脫教培的「服務」屬性，極大提升可擴展性的業務方向呢？有，比如行動裝置（例如平板電腦）。

2021年4月23日至25日，第79屆中國教育裝備展示會在廈門國際會展中心舉辦，17萬多平方米、9000多個展位，1300多家企業參展。這是會展中心建館以來規模最大的展會，火爆程度堪比巔峰時期的汽車展和通信展。

教育行動裝置為什麼會火？因為行動裝置（產品）相對於教育培訓（服務）來說可能是一個更大的賽道。每一場培訓都需要占用一個教師的交付時間，邊際成本很高。而行動裝置的好處是完全不占用教師的時間，如果需求抓得準，可以達到很大的量。

在這一賽道上進入比較早的有網易有道。它在教育行動裝置上的持續投入，在今天看來，增強了自己應對政策風險的能力。

但是，做教育行動裝置的門檻是相當高的。因為這不僅需要企業具有教育基因，還需要企業有一定的技術基因，另外，企業管理者還必須學會管理研發效率、控制品質以及一個在教

培行業可能從來沒有見過的東西──庫存。

教育行動裝置這個賽道比較適合已經上市的大資本。對中小企業來說，有沒有更大的賽道呢？其實，還有一個同樣大但門檻比較低的賽道，那就是教育科技。

人工智慧終將用於教育，教培行業的變化加速了它的到來。比如，有家叫「一起教育科技」的公司，透過人工智慧幫老師自動掃描閱卷，幫學生訂製專屬練習。

用教育科技為學校教育提供「有益補充」是教培行業中一個門檻高、收益可能也高的賽道。

除此之外，影音直播、家庭教育、營地教育等也是教培機構轉型的重要方向。當然，你也可以學習凱叔，和孩子們講故事，也能獲得巨大的成功。只要你專業，到處都是機會。

2.反壟斷

2021年4月，阿里巴巴因為「二選一」[49]被處以2019年中國境內銷售收入的4%、約182億元的罰款。2021年10月，同樣因為「二選一」，美團被處以2020年中國境內銷售收入的3%、約34億元的罰款。2021年9月，騰訊的微信可以點開淘寶連接了。隨後，阿里巴巴的某些App也開始支持微信支付了。

這些事件的背後都是一個詞──反壟斷。

---

49 編注：即要求在天貓販售的商家不得在雙11等特定促銷期間在京東開設店鋪銷售，事件參考https://money.udn.com/money/story/5604/7677632

中國的龍頭雖然沒有真正地經歷過反壟斷,但是美國的經驗告訴我們,反壟斷之後,商業世界將迎來一片小公司的瘋狂生長。

羅斯福是第26任美國總統,在美國「總統山」上僅有四位總統的石刻,他就是其中之一。羅斯福最為人稱道的,是他的鐵腕反壟斷。

20世紀初,美國商業界出現了大量並購案例,其中有1800家公司合併成了157家,僅1900年一年美國就有185起合併案。這造成的結果是,到1904年,300多家壟斷聯盟控制了全美製造業資本的2/5,這些壟斷企業也因此聚集了大量的財富。當時的美國,1/8的家族占據了7/8的財富,它們為了維護自己的壟斷地位,採取各種手段排擠中小企業,壓制市場競爭,這嚴重影響了美國經濟的活力。

1901年,羅斯福上臺,他完善了美國第一部同時也是全球第一部反壟斷法《休曼反壟斷法案》(Sherman Antitrust Act,1890年7月2日通過)。然後,依據這部法律,美國政府起訴了摩根家族控制的、壟斷鐵路營運的北方證券公司。1904年,北方證券公司被解散。1906年,美國政府又起訴了洛克斐勒家族控制的、壟斷石油行業的標準石油公司。1911年,標準石油公司被分拆為34家地區性石油公司,其中就有今天知名的美孚石油公司(Mobil)。

羅斯福在他的任期內一共發起了40多項反壟斷調查。從那

之後，美國的反壟斷就一直沒有停止。20世紀80年代，最知名的反壟斷案可能要算是1984年的AT&T分拆案[50]了。其實，AT&T在1913年、1949年就曾面臨過兩次反壟斷訴訟，但都被化解了。不過，1984年，AT&T這家百年企業最終沒能逃過被分拆的命運，最終，被拆為1家長途電話公司和7家本地電話公司。

AT&T分拆後，新興營運商如雨後春筍般瘋狂生長。競爭為美國電信市場帶來了極大繁榮，MCI、Sprint等一批公司迅速崛起。競爭也給消費者帶來了實惠，20世紀80年代末，美國通話價格下降了40%。

所以，為什麼要反壟斷？反壟斷的目的是掃除競爭障礙，這意味著電商賣家不用在各大平臺上二選一，意味著音樂、影視作品不是必須簽獨家，意味著哪裡廣告便宜就可以在哪裡投廣告，意味著未來需要把最大的精力花在做好產品和服務上而不是站隊上，意味著中小企業終於可以專注於奔跑而不是跨欄。掃除競爭障礙帶來的是萬物生長。

那麼，中國網際網路行業的反壟斷會帶來哪些機會呢？會帶來流量生態的第三次打通。

我們說過，流量生態的第一次打通是線下線上的打通，第二次打通是公域與私域的打通。但是，這兩次打通之後，我們

50　編注：事件參考https://www.cw.com.tw/article/5103504

依然有一件不得不做的事：站隊（選邊站）。

2013年11月22日，微信用戶發現，在微信內點擊任何淘寶連接，都會自動導向淘寶App的下載頁，淘寶屏蔽了微信的連接。後來，微信也屏蔽了淘寶的連接，用戶只能「複製連接到瀏覽器打開」。中國的網際網路看上去是互聯的，但大門其實是彼此緊閉的。

不管是阿里巴巴、騰訊還是百度，不管是免費的電商、免費的社交還是免費的搜尋，這些「免費」其實都是積累流量的方式，最終還是主要透過基於競價排名的廣告把流量賣給商家，實現商業化。所以，這些網際網路平臺要求用戶必須從自己的入口進去，不能從別人的連接過來，否則別人會成為前端的變現者，而它只能變成後端的服務者。

因此，這些網際網路平臺會要求用戶二選一。尤其對企業而言，如果企業站在了阿里巴巴這一邊，就只能從阿里巴巴這裡買流量，然後在這裡交易；如果企業站在騰訊那一邊，就只能從騰訊那裡買流量，然後在騰訊交易。這是兩個互不相連的閉環，你必須選一個。

擋在阿里巴巴和騰訊之間的是平臺壁壘。

現在，微信可以打開淘寶連接，阿里巴巴也開始支持微信支付了。這意味著什麼？這意味著，平臺壁壘被打通了。而互聯互通是為了打破網路效應。對中國網際網路來說，大門會從彼此緊閉到彼此開放。

一旦打通，哪裡的服務好就去哪裡，哪裡的資源便宜就去哪裡，哪裡的用戶多就去哪裡，流量會再次洶湧流動。

　　首先，也是最直覺的利多，是購買流量的成本會下降。因為打通壁壘之後，企業可以在各個平臺投放廣告。比如，阿里巴巴的賣家，可以在騰訊上投廣告；抖音的賣家，可以在百度上投廣告；小紅書的賣家，可以在快手上投廣告。沒有一個平臺可以因為封閉而享受超高的廣告收入，也沒有一個賣家會因為封閉而需要支付超額的廣告費用。

　　其次，可能是更長遠的影響，是賣家可以自由組建適合自己的商業閉環。比如，內容在抖音、小紅書，客服在微信，交易在淘寶、有贊……賣家可以根據自己的優勢和特點，選擇自己最終交易的入口和出口，而不一定要在某個特定的平臺，被迫完成所有的環節。也就是說，整個中國網際網路，可能會形成一個大的閉環。

　　這就是流量生態的第三次打通。一大批小公司會在流量的澆灌下瘋狂生長，而網際網路平臺的「水位」也會因此被逐漸拉平。

　　不管哪個行業，這個世界在哪裡被撕裂，就會在哪裡迎來一輪瘋狂生長。

漸變是大公司的小機會，突變是小公司的大機會

很多人會認為，流量生態的第三次打通聽起來對小公司有利，讓大公司頭疼。當然不是這樣，這同樣也是大公司涅槃的機會。

我跟你分享一個微軟的故事。

2014年，薩蒂亞・納德拉（Satya Nadella）接替史蒂芬・巴爾默（Steve Anthony Ballmer）擔任微軟歷史上的第三任CEO。他在發表上任演講時講了一句話：「我將在一個星期內發布一款新產品。」一個星期後，微軟真的發布了一款產品——Office for iPad。

什麼是Office for iPad？過去，微軟的Office只能用在微軟的Windows系統上，不能用在iPhone或者iPad上。為什麼？因為微軟和蘋果是競爭對手，讓Office支持iPad，無異於讓它投奔敵營。

但是，薩提亞發布了Office for iPad，而且是上任一星期內就發布了。這麼複雜的產品，不可能在一個星期內完成開發，這說明，這個產品早就開發好了，只是沒人敢公布而已。因為一旦公布，就相當於微軟宣布放棄了Windows系統的唯一核心地位。

我出差時用得最多的就是Office，我經常用Word、Excel、

Power Point、Outlook。如果Office支持iPad了,那我給iPad配個鍵盤,就再也不用帶筆記本電腦出門了。而每賣出一套Office for iPad,就意味著可能少賣一套Windows系統。

那麼,你猜猜看,Office for iPad發布後的第二天,微軟的股價會漲還是會跌?

事實是,第二天微軟的股價暴漲。這說明,所有股民早就盼望著微軟放棄自己曾經最引以為豪的產品Windows,只是它自己放不下而已。

有一次,薩蒂亞在一個大會上做演講時,從口袋裡掏出了一臺iPhone!現場一片譁然。大家可能曾經聽說過這樣一個故事:微軟的前任CEO史蒂夫看到一個員工拿著iPhone,掄起一把椅子就砸過去了。雖然這是一個未經證實的傳言,但也說明大家都默認:微軟的人怎麼能用iPhone呢?更別說是CEO了。

薩蒂亞卻說:「我手上的這臺手機不是iPhone,我更喜歡把它稱為iPhone Pro。」他打開手機讓大家看,裡面裝的大多是微軟的應用。他又說:「我們用微軟的軟體武裝了iPhone。所以,它不是iPhone,而是iPhone Pro。」現場的譁然,變成了熱烈的掌聲。

不再糾結於如何透過綁定Windows和Office獲利的微軟,終於涅槃重生。重生後,它把自己的未來賭在了持續創新上,而微軟最大的創新是雲端運算。

這樣的涅槃重生,帶來的是什麼樣的結果呢?

今天，微軟所有收入中的大部分都來自雲端運算，微軟的股價也從薩蒂亞上臺時的30多美元漲到了300多美元，甚至其一度成爲全球市值最高的公司。

變化分爲兩種：一種是漸變，另一種是突變。漸變是大公司的小機會，突變是小公司的大機會。

如果你是生產空調的，原來生產的空調每天耗1度電，現在技術進步了，每天只耗0.8度電，這是漸變還是突變？這是漸變。漸變就是在原來的道路上往前多走了一步。

那麼，更省電了，這是大公司的機會，還是小公司的機會呢？這是大公司的機會，因爲往前多走一步並不影響格局，原來的品牌認知、分銷通路、研發體系、供應鏈網路都沒有變化。大公司的生態位不會被搶走，反而會被增強。但這也不會帶來大公司的涅槃重生，只會使其穩步前進。所以我們說，漸變是大公司的小機會。

而突變就是原來的道路突然走不通了，面前出現了100條岔道，上天發了新牌，出了新題，而正確的答案只有1個，在這100個選項中，你選哪一個？

這時，一場「物競天擇，適者生存」的生存競賽開始了。被邀請參賽的，是一家上一個時代絕對領先的大公司和10,000家夾縫中成長起來的、渴望進化的小公司。

比賽分爲三輪：比戰略、比運氣、比組織。

1.第一輪比戰略

大公司有足夠的資源，有集團戰略部、參謀部、研究院，還能請最好的諮詢公司幫它們「夜觀天象」，因此，它們用智慧將70個錯誤答案排除了，使正確答案的選擇範圍縮小爲30個選項。而小公司沒有集團戰略部，沒有參謀部，也沒有研究院，更沒錢請諮詢公司，它們對未來的感知，只能依靠第六感。幾乎所有小公司的創始人都堅信自己的第六感是對的，於是，每個選項上都站了100家堅信自己賭對了的小公司。

第一輪比賽，大公司的智慧對小公司的勇敢，大公司勝。那70個錯誤選項上的7000家小公司出局。

2.第二輪比運氣

30個選項仍然很多，即便是大公司，也不能在每一個方向上都進行充分嘗試，怎麼辦？經過愼重思考，大公司決定在其中3個選項上下重注。小公司沒有這樣的資金實力，但是小公司數量多，於是，每個選項上都站著100家小公司。

這時，有兩種可能性。

第一，90%的可能性是大公司下錯注了。正確答案不在大公司下重注的3個選項中，這時大公司就會出局。

這就是爲什麼YouTube創始人陳士駿會說「成功需要 90%

的運氣加10%的努力」。商業是一個複雜系統，沒有人敢100%保證「明天一定不下雨」，只能說降水機率是10%。如果一切皆可計算，那麼大公司幾乎每次都能幹掉小公司，因為大公司的資源多、算力強。但是，進化最為有趣的地方就是要「比運氣」，而比運氣是小公司的強項，因為小公司的數量多。這也是商業之所以生生不息的重要原因。

第二，10%的可能性是大公司賭對了。這時，一家大公司和剩下的300家小公司進入了第三輪比賽。

3.第三輪比組織

大公司一旦賭中了戰略，比贏了運氣，就要比組織了。在這場比賽中，小公司需要成長，而大公司必須自殺重生。

現在回到中國網際網路公司。

2020年7月，我寫了一篇文章，說：「當有一天，面對格局的變化，淘寶真的開始支持微信支付時，那就說明阿里巴巴放棄了過去的成功，開始變革和轉型了。」當時很多人都覺得不可能，認為這個想法太可笑了。

但是，2021年9月，阿里巴巴旗下的餓了嗎、優酷、大麥、考拉海購、書旗等應用均已接入微信支付。淘特、閑魚、盒馬等 App 也已申請接入微信支付，正在等待微信審核。

我開始想像，當所有的網際網路平臺都向阿里巴巴和騰訊學習，打破平臺壁壘時，會發生什麼？

它們會連接、連接、連接，中國的微信Pro、淘寶Pro、抖音Pro、百度Pro會由此誕生，最終彙聚成中國的網際網路Pro。在這個網際網路Pro的世界裡，所有創業者瘋狂生長。

一片草原上，只有獅子有權力說「團結」

有一天我幫學員做分享，當我講到麥克・波特（Michael Porter）的五力模型時，有一位學員提出了疑問：「我們為什麼要把下游當成競爭對手？我們應該團結下游、團結客戶啊。」

我說：「如果你團結客戶的話，你們就獲得了一種能力去面對你們的上游了。你就更有溢價能力了。」

他又說：「我為什麼要對上游有溢價能力呢？上游我也要團結啊。」

我說：「你想團結上游是好事，但是，你這個想法聽上去有點一廂情願了。」

為什麼？

因為一片草原上只有一種動物有權力說「團結」，那就是獅子。

只有那個最有權力的人，才可以站出來說「我想團結大家」。你想想，如果你是一隻兔子，你對獅子說「我想團結你」，你猜獅子會怎麼回答？獅子是不會答應的。

你那只能叫「抱大腿」。「抱大腿」是把選擇權交到別人手上，雖然你也會提供自己的價值，但是隨時都有可能被別人踢掉。團結是什麼？本來，大家可能覺得獅子高高在上，權

力很大,但獅子開口說:「我現在決定跟大家加強合作。」大家一聽獅子說要團結,紛紛歡呼雀躍,直呼:「太好了!太好了!」

團結是一個具有溢價能力的人與不具有溢價能力的人的合作,或者至少是兩個有同等溢價能力的人的合作。所以,當一個人在一條產業鏈中不具備溢價能力或者說這個人不稀缺的時候,他是沒有團結別人的資格的,只有被選擇的資格。

團結是件主動的事,只有稀缺的人才能團結別人。在這個瘋狂生長的年代,你只有把自己變得稀缺之後,才擁有重新定義商業模式的可能。

那如何才能變得稀缺呢?

我們需要先理解波特的五力模型。波特五力模型是麥克‧波特在1979年提出的,每家企業都受直接競爭對手、顧客、供應商、潛在新進公司和替代性產品這五個「競爭作用力」的影響。

我們用一家火鍋店的例子來理解這「五力」。

假設你在上海定西路開了一家重慶火鍋店,誰是你的直接競爭對手?你可能會說是街對面的成都火鍋、雲南魚火鍋、海鮮火鍋店。但是,只有火鍋店嗎?不。整條街上開著的,無論是小龍蝦店、湘菜館,還是港式茶餐廳、韓國烤肉店、日本料理店,都是你的直接競爭對手。因為你們爭奪的是來到這條街上吃飯的人。你要知道,你處於一個「充分競爭」甚至「過分

競爭」的市場。

顧客是一個非常重要的「競爭作用力」，這展現在他們的談判力量上。比如，附近辦公大樓裡的大公司來找餐廳談判，持員工卡可以打折，這就是一種談判力量。比如，出示某一家銀行的銀行卡也可以打折。如果你不在這家銀行或某大公司的合作列表裡，你賺的錢可能就會比隔壁飯店少很多。

如果你的菜品是從上海最大的供應商那裡採購的，他同時服務著幾百家火鍋店，那你在他面前是沒有什麼談判能力的，就像各種App開發公司在蘋果公司面前都是弱勢群體一樣。如果你的供應商很小，小到你的生意對他足夠重要，那你在他面前就有很強的談判能力，甚至可以說主動權完全掌握在你的手上。這是供應商的競爭作用力。

這條街隔壁的一條街也要開發成餐飲一條街了。這時，你就面臨「潛在新進公司」的競爭作用力了。

你的替代性產品是什麼？替代性產品就是顧客如果不來這條街吃飯了，他們還能吃什麼？你最典型的替代性產品是外賣服務，還有便利店裡的微波便當、健身減脂餐等。如果有一天，「過午不食」成為流行趨勢，大家晚上不吃飯了，那麼整個餐飲市場規模都會減小。這就像數位相機的出現取代了幾乎整個底片業，智慧型手機拍照功能的日益完善又吃掉了數位相機的市場份額一樣。這些就是替代性產品。

五力模型或許是全球知名度最高的戰略分析工具。可能有

人會說，今天五力模型已經過時了，但是，它仍是我們分析問題的工具，作爲思考問題的方式之一，它永遠不會過時。

認眞分析這些作用力的強弱，有助於公司制定相應的競爭戰略，獲得有利的市場地位，獲得更好的進化。

從麥克‧波特的角度出發，所有人都是你的競爭對手，下游的顧客是你的競爭對手，上游的供應商也是你的競爭對手。

要變得稀缺，就是相對於「五力」都要稀缺。

首先，你對下游要稀缺。也就是說，你對下游要有溢價能力。

你現在手上有幾個客戶？如果你一算帳，發現下游只有兩個客戶，而且公司收入的80%甚至90%都來自其中一個客戶。你就要明白，這樣下去是沒有未來的。

我們換個角度，站在大客戶的角度來看，你就會明白爲什麼了。他會想：我如果只有你這一個供應商，萬一有一天你不和我合作了呢？我要你降價，你不降呢？這樣一想，他一定會有一種不安全感。在這種不安全感的驅使下，他會不斷地發掘新的供應商，把風險分攤出去，讓自己變得更安全。而在這種情況下，你的處境就很危險了。如果這個大客戶不和你合作了，你的生意會受到直接的影響，收入也會大大降低。而且，你一點辦法都沒有。

所以，你對下游一定要有話語權。

你擁有話語權的最大前提是，你所有的生意不能來自一個

客戶。絕大部分生意來自一個客戶也不行。如果你的生意被大客戶「拿捏」，大客戶可能就會不斷地要求你降價，而你無力反抗。因此，你一定要讓你的下游客戶分散。當有一天，你選擇和其中任何一家不合作都不會給你帶來巨大損失時，你就擁有權力了，變得稀缺了。

同時，你對上游也要有溢價能力。

如果你有一個配件要找上游一家供應商買，這個配件現在貨源緊缺，特別好賣，他不賣給你，你會發現，你的生意做不下去了。這說明，你對上游沒有溢價能力。

溢價能力意味著擁有分配的權力。擁有分配權的人可以把稀缺資源賣給其他公司，或者隨時對你漲價，而你一點招架之力都沒有。

當你沒有溢價能力的時候，原材料的價格是別人定的，銷售價格也是別人定的，這時，你能掙多少錢完全不取決於你自己。這樣的你是不可能團結別人的。

同樣的道理，你還要對你的「左右」有溢價能力。「左右」就是你的直接競爭對手、顯性的潛在新進公司和隱性的替代性產品。

你的溢價能力來自你的產品的稀缺性，而產品的稀缺性靠創新。只有稀缺，才有話語權，才能瘋狂生長。

未來的競爭是認知的競爭

我經常和一些創業者、企業家交流,大家有一個普遍的感受:這些年,那些穩定的、確切的管道逐漸消失了。如今生意做得又累又苦,明明已經足夠努力,卻還是在生存邊緣掙扎。紅利變紅海,利潤越攤越薄,競爭越來越激烈。容易賺的錢肯定沒了,往後大家得做更難的事。以後,要靠本事賺錢了。

為什麼我們會有這樣的感覺?

因為目所能及的幾乎每一個行業都競爭慘烈,比如我們最熟悉的餐飲業。

餐飲業是萬業之祖,中國餐飲業大概有4萬億元的規模。餐飲是一個分散市場,很難做到贏家通吃。中國最大的餐飲企業是百勝中國,然而2018年它的年營收大概是560億元,才占整個市場的1%。也就是說,人人都有機會。

但是,就是這樣一個「人人都有機會」的市場卻競爭慘烈,結果也是天差地別。

開餐廳幾乎完全要靠精細化管理的能力,從指縫裡摳出每一分錢。買菜時要討價還價,0.8元的成本,要想盡辦法降到0.75元。而且,餐廳幾乎是一個必須由老闆親自開的行業。雇用其他人開,稍有不敬業,就會導致虧損甚至關門。所以,能在餐飲業待下去的人都很勤奮。在這個行業裡是飛不起來的,

只能靠勤奮「肉搏」。

你知道,這樣的人已經很少見,也很優秀了。想再好,太難了。但是,很多這樣的人現在也只是勉強糊口,還過得去罷了。

為什麼?因為還有更好的在擠壓他們的生存空間。

勤奮是基本的品質,能保證做到80分,但是想要做到90分,光靠勤奮是不夠的。靠什麼?靠對行業的理解。

餐飲,尤其是中餐,最大的問題是不能標準化。而有一個品項卻能很好地解決這個問題——火鍋。用標準化的底料實現對味道的品控,降低成本,用中央廚房提高營運效率,保證菜品新鮮。可複製的標準化是比勤奮更厲害的武器,勤奮只是耍大刀,可複製的標準化卻是機關槍。

所以,能做到這一步的人,寥寥無幾。但是,還不夠。

為什麼?因為還有更好的在爭奪他們的市場。

對行業有理解,能做到90分,但是想做到100分甚至120分,靠這個還是不夠。還要靠什麼?靠技術和認知。

我之前遇到一位企業家,他是幫助高端餐廳做預製菜[51]的。我問他:「你做什麼菜?剁椒魚頭?還是清蒸刀魚?」他說:「我們不做,那種菜太簡單。我們只做那些餐廳需要花大量時間成本準備的菜,比如紅燒肉、糖醋小排、獅子頭。我在

---

51 編注:類似臺灣真空包裝的熟食料理包。

中央廚房做好，比他自己現場做成本要便宜很多。我們憑本事幫客戶省錢，然後，我們從省掉的錢中分一點點。」

在新冠肺炎疫情期間，他們的生意不但沒受影響，反而同比增長了300%。

我突然意識到一個驚人的事實：今天我們去的很多餐廳，其實已經很少吃到現做的菜了，大約60%都是急凍預製菜。但是，我們根本吃不出來，還是感覺很新鮮。因為，現在的急凍技術已經能夠充分保鮮了。

這是慘烈的競爭中真正的降維打擊。

預製菜的技術是從省錢中賺錢，這是靠本事在賺錢。這不僅是技術的優勢，更是認知的碾壓。

我和這些創業者和企業家說：你雖然很努力，但是未來一定要在努力中拿到至少一次「非線性的收益」。否則，很有可能下次就失敗了。

我們經常以為，競爭是均勻的、線性的，一分耕耘一分收穫——50分的努力能賺50元，80分的努力能賺80元，100分的努力能賺100元。我們總覺得，做到60分就算及格了。但其實不是，絕大部分人都能做到60分。要想生存下去，在任何一個行業，現在都要至少做到90分，90分才是及格線。而真正優秀的人都是至少98分。

在線性競爭市場裡，大家都很勤奮，都很努力。所以，在這片紅海裡，只靠吃苦已經不行了。甚至，現在已經不是一分

耕耘一分收穫了，你付出50分的努力很可能1分錢都賺不到，你付出80分的努力還是1分錢都賺不到，而你付出90分的努力能賺90元，付出120分的努力能賺20,000元。

我們經常說要進入藍海市場，但為什麼很難做到？因為藍海不在紅海的旁邊，藍海在紅海的上邊。進入藍海的真正挑戰，不是找不到，而是上不去。

每個市場的門票是不同的。要想進入下一個市場，拿到「非線性的收益」，至少要比別人好10倍。這10倍，不僅僅指努力，更是指認知。

認知，可能是以後最大的本事。認知到，才能想到；想到，才能做到；做到，才能得到。所以，未來的優勢，都是認知的優勢；未來的競爭，也都是認知的競爭。

關於如何提升認知，我有幾個具體的建議。

第一，多讀書。

每一本書都能打開你的盲區，讀的書越多，理解的東西就越多。前人的思考是我們的階梯，站在1樓、10樓、100樓的視野是完全不一樣的。所以，每年至少要讀20本書，如果時間和精力允許，最好讀50本以上的書。

第二，多見人。

每隔一段時間，都要去接觸不同的人。每個人都有自己看

待世界的方式和思考問題的方法。成長不是閉門造車，需要看到更真實的世界。只有見過足夠多的人，才知道什麼人是真正有格局的，什麼樣的觀點是真正有價值的。

第三，多旅行。

旅行是打破自己認知舒適圈的好方法。旅行的意義，不是尋找相似，而是收穫不同。帶著洞察之眼，懷著反觀之心，沐浴在巨大的不同之中，回來的才可能是一個更好的自己。

眼中有不同，是眼界；心中有不同，是胸懷。而只有走出去，才有機會見識這些不同。

第四，逼自己。

改變對大多數人來說都是一件痛苦的事情。但是想要提升認知，就必須做出改變，把自己扔到一個更有壓力的環境裡，因為環境會影響人，會深刻地改變一個人。當你進入一個更高的圈子時，別人的三言兩語可能就會令你醍醐灌頂。所以，你要逼自己到一個資訊密度、人才密度、交流密度都更大的地方。

如果你只想發生較小的改變，那麼專注自己的態度和行為就可以了，比如把杯子倒空。但是，如果你想發生實質性的改變，想獲得真正的認知優勢，那就要逼自己，可能連杯子都要換掉。

競爭的門檻越來越高,競爭也越來越激烈,這對我們提出了更高的要求,需要我們有更高的認知。你永遠賺不到認知範圍之外的錢。只有持續不斷地提升認知,你才能瘋狂生長。

找到增長飛輪，實現指數級增長

無論是個人的成長還是企業的發展，要想獲得很大的成功和改變，都應該像跳臺階一樣，努力跳上去，然後站住，再跳上去，再站住。

這個跳臺階的過程，也就是我所說的要至少拿到一次「非線性的收益」，否則我們的一生只能是普通的甚至平庸的一生。

而這個巨大的收益也被很多人稱作「指數級增長」。

什麼是指數級增長？

在《指數型組織》裡有一個值得參考的數字：在4~5年裡，增長超10倍。也就是說，年增長率至少應該是60%~80%。或者更簡單點說，是在現狀的基礎上提高10倍。

那麼，指數級增長，到底怎麼增長？如何才能增長10倍？有沒有什麼具體的方法論？

當然有。有一個公式：

$$指數級增長 = (a\uparrow + \Delta\uparrow)^{y\uparrow}$$

其中 a 是本金，Δ 是增長，y 是時間，可累積性。

我們可以從 a、+、Δ、y，四個方面來思考。

1. a：**本金儘量大**

公式中的「a」指的是你的本金，本金應該儘量大。因為一段時間之後，會發生翻天覆地的變化。

我舉個例子。假設你有本金1000萬元，每年的增長率為80%，市場容量足夠的話，那麼大概4年之後你就能賺到1億元。

但是，假如你的本金只有100萬元呢？那麼同樣的情況下，賺到1億元大概需要8年。前4年，你會賺到1000萬元。後面4年，1000萬元變成1億元。

一個需要4年，一個需要8年，看起來似乎差不多，但實際上差很多。人與人之間的差距，往往就是這樣拉開的。

你想想，你的本金是100萬元，別人的本金是1000萬元，4年之後，你賺到了1000萬元，別人賺到了1億元。你花了4年時間，好不容易才追上別人的起點，但是你們財富的差距卻變得越來越大。

更重要的是，你們之間差了這4年的時間。我們經常說，時間是朋友，但是，時間有時也很無情──存在「時間窗口」。比如網際網路創業，比如某些金融市場的周期性，時間窗口非常明顯，錯過了可能就再也沒有了。

所以，現實的情況是，有些人抓住了一個機會，人生從此實現了躍遷，而有些人卻仍然停在原地。

財富的積累不能忽略時間窗口。因此，有些人為了抓住時

間窗口，會用本金換時間。比如網際網路創業要融資，融資就是要獲得儘量大的本金，然後在一個時間窗口內快速增長，實現質變。

所以，為了實現10倍的指數級增長，在a（本金）上，我們能得到一些啟發：

一是要積累足夠多的本金，a要儘量足夠大。這是為了能在後面放大自己的收益。

二是等待時間窗口。機會沒來，靜靜等待；機會來了，不要手軟。

2. ＋：要有可累積性

公式中的「＋」代表的是可累積性，也就是增強回路，或者用我們經常聽到的另外一個詞「正循環」。

想要實現10倍的指數級增長，毫無疑問，你應該非常專注。但是，應該專注在什麼地方？專注在能積累資產的地方，不斷把更多資產堆在自己的身上。

只有這樣，你做的事情才會一圈一圈，不斷循環，自我增強。

一個非常有代表性的例子是亞馬遜。1994年，貝佐斯這個深度思考者決定開始創業。他在紙上寫下了必須面對的一些變量：客戶體驗、流量、供應商、低成本結構、更低的價格。

看到這幾個變量，你是不是有一種熟悉的感覺？是的。因

為這些變量之間互有關聯。

什麼帶來了客戶體驗？更低的價格。因為誰都想用更低的價格買到更多、更好的商品。

什麼帶來了更低的價格？低成本結構。只有成本低了，價格才會低。

什麼帶來了低成本結構？規模效應。也就是向供應商進更多貨，這樣才有更多的談判籌碼。

怎樣才能向供應商進更多貨？巨大的流量。也就是要有足夠的需求、足夠多的用戶。

足夠多的用戶在哪裡？你要有更好的客戶體驗。

所以，一個非常有趣和神奇的模型就被畫在了紙上。這就是被人們津津樂道，也被人們研究和模仿的亞馬遜的增強回路（見圖8-2），從客戶體驗出發，又回到客戶體驗。

然後，貝佐斯就開始推動這個增強回路，積累自己的資產。亞馬遜的增長因此越來越快，也越來越堅實。

所以，要想實現指數級增長，就必須找到自己的增強回路。

我再舉個例子。作為一名商業顧問，我想要積累的核心資產是聲譽。但是，什麼能帶來聲譽？作品。有好的案例、好的文章、好的書籍，才能讓正在讀文章的、優秀的你認可我。那麼，什麼能帶來作品？學識。紙上談兵終究是空談。所以，必須參與真實的商業實踐，解決具體問題，這樣才能得到真才

實學，提出真知灼見。可是，什麼能帶來學識？聲譽。只有擁有好的聲譽，你才能接觸更多優秀的企業，獲得大量的真實體感。

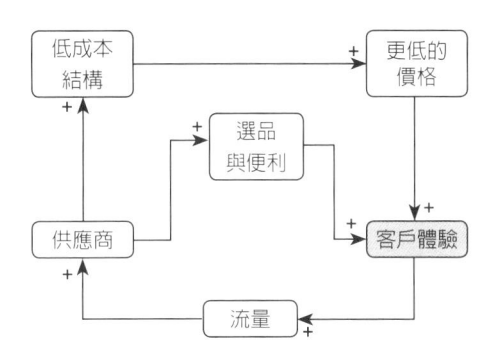

圖8-2 亞馬遜的增強回路

「聲譽–(+)→學識–(+)→作品–(+)→聲譽」，這是我給自己畫的增強回路（見圖8-3）。

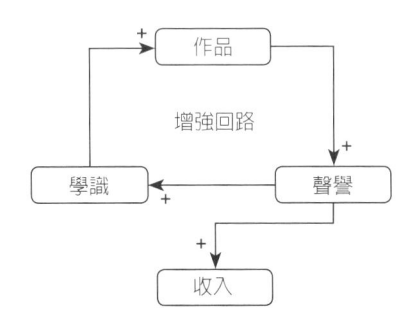

圖8-3 我的增強回路

所以，為了實現10倍的指數級增長，在+（可累積性）上，我們也應該做一些事情：找到自己要積累的核心資產，畫出自己的增強回路，把這幅圖貼在自己的辦公桌上，時刻提醒自己最重要的事情是什麼。

3. Δ：增長足夠快

公式中的「Δ」代表的是增長，增長要足夠快。

但是，怎樣才能實現快速增長？商業模式一定要「輕」。

從這個角度出發，我們就能重新理解一些事情。

比如，樊登讀書會。

樊登有一項天賦，他能在飛行途中快速看完一本書，下飛機後到辦公室畫幅思維導圖，就能對著鏡頭，一鏡到底講四五十分鐘，而且講得非常精彩。因為這項天賦，他成立了樊登讀書會，每人每年交365元的會員費，就可以在線上收聽樊登每周一本的有聲說書。

但是，這個產品非常依賴信任和體驗，怎麼才能更好地推廣呢？

有人說可以在每個城市建立線下讀書會，但是，如果一個城市需要5個工作人員，10個城市就要50個人……這種模式就會很「重」，會帶來大量營運工作，成本也會很高。所以樊登沒有採取這種模式，而是在全國招募省市合作夥伴，把會員費中可觀的比例分給他們。這樣一來，那些繁瑣的營運工作就交

給合作夥伴來完成，而他只需要專心打磨內容。

2016年，樊登讀書會的收入就已經過億了。現在，樊登讀書會一年的收入規模大概是10億元。

再比如，美業創業者。

我有一個朋友是經營美容院的，她也想實現快速增長，於是，她摸索出一個方法：不再自己開美容院了，而是轉型和其他美容院合作。

她找到那些想開美容院的人，為他們提供技術和經驗以及70%的資金，幫助他們開店。但是，她有一個條件——這些美容院必須用她的產品。假如這家美容院非常賺錢，店主也可以按照當時的價格回購她持有的股份，但是，條件仍然是必須繼續用她的產品。

所以，我的這位朋友把自己的模式做得很「輕」——提供諮詢和資金服務，然後捆綁銷售自己的產品。

其實類似的方法，在其他行業也適用。比如餐飲，我幫你開店，但你要買我的原料；比如培訓，我幫你招生，但是你要買我的教材。這些做法都是為了讓自己變得更「輕」。

所以，為了實現10倍的指數級增長，在Δ（增長）上，我們也能有一些啟發：

一是找到裂變內核，它一定是一個非常輕的、可以裂變的東西，就像前面提到的樊登的聽書產品、美容院的美容產品。

二是找到裂變模式，它也一定是一個非常輕的、可以裂變

的模式,有了這個模式,企業就會像利用了槓桿一樣快速增長。

4. y:時間足夠長

公式中的「y」代表的是時間,時間要足夠長。

這包含兩層意思:第一是市場規模足夠大,這樣才能允許你快速增長4~5年,甚至更久。否則,很快就會碰到天花板。第二才是堅持。但是,我們常常關注第二層意思,卻忘記了第一層意思。這就要求我們,最好選擇一個比較大的市場。

你有沒有想過,為什麼有個很著名的豆漿機品牌後來開始做電鍋了呢?因為豆漿機的市場實在是太小了。快速增長一段時間後就碰到了天花板,再怎麼增長都上不去了,所以必須擴充自己的產品線,開始生產其他品類的產品。

因此,如果你的產品是一個小品類,想要獲得指數級增長,你最後很有可能會這麼做:從差異化的產品切入主流的大市場。只有更大的市場才能裝得下你的計畫和野心。

天使投資人丁建英在投資圈有個流傳甚廣的觀點很有道理:「應用型公司值十億量級,平臺型公司值百億量級,生態型公司值千億量級。」

所以,為了實現10倍的指數級增長,在y(時間)上,我們應該做的事情是:認真思考你想做的事情能不能支撐你未來幾年每年60%~80%甚至更快速度的增長?如果不能,要換

什麼賽道？如果能，那就專注地做，並且做好，等待時間的回報。

巴菲特有一個著名的比方——「滾雪球」，可以很好地說明指數級增長。滾雪球通常需要我們找到一條長長的、厚厚的、濕濕的雪道。這個一開始的雪球，就是「a」，本金要儘量大。長長的，就是「y」，雪道要足夠長，滾雪球的時間也要足夠長。厚厚的，就是「∆」，每滾動一次，都要裹挾進來更多的雪，這樣才會越滾越快。濕濕的，就是「+」，裹挾進來的雪，要能粘住滾動的雪球，要有可累積性。這樣，雪球最終才會越來越大。

在競爭激烈、行業洗牌的今天，我們需要更加努力，但是，是更有方法的努力。這四個方面最好都能做到，或者，至少做到一個方面。哪怕只做到一個方面，你也能增長得更快，變得比現在更好。

希望不論是你的個人財富還是創業的發展速度，都能獲得10倍的指數級增長。

進化的路上，與溫暖的力量同行

進化的力量，就是面對變化，用海量的「物競」應對複雜的「天擇」的力量。活力老人、數字石油、新消費時代、Z0世代、流量新生態、跨境加時賽⋯⋯這是我們這個時代的最新變化，我希望你能看清世界的變化，然後瘋狂變化。

但在最後，我還想和你講一個故事，這個故事和商業無關。

2021年7月，鄭州特大暴雨後，我與鄭州唯美孕立方月子中心的牛先生和他的太太張女士通了一個電話。其實，原本我是想和他們見一面的，但我都飛到鄭州了，又因為新冠肺炎疫情反彈，飛回來了，只好臨時改成電話交流。

通完這個電話後，秦朔老師的一句話就一直在我耳邊迴蕩：「只有河南最中國。」

2021年7月20日，鄭州遭遇1951年有氣象記錄以來最大的暴雨，最大的單小時降雨量達到多大呢，相當於把107個西湖的水在1小時內灌入了鄭州。

這天晚上，牛先生吃完藥之後和太太張女士兩個人默默地滑著手機。牛先生突然說：「救不救人？」張女士似乎一直在等著這句話，馬上回答：「救。」牛先生說：「好，那聽我的。」

牛先生立刻把月子中心的十幾名在職員工召集起來，他們淌著水、游著水，「撈」了80多人。他們為這些落難的人準備了熱水、薑湯、毛巾、毛毯，想辦法幫大家把這一夜熬過去。

　　這時，一個壞消息傳來：要斷水、斷電了。他們想，這可不行，大人可以熬一熬，孩子怎麼辦呢？要是斷水、斷電了，連奶粉都沒法泡，孩子只能挨餓，有些體質弱的孩子甚至會有生命危險。

　　怎麼辦？他們和幾個主管商量之後，通知全體員工第二天一早全部到公司，參加救助。然後，他們把美團上的所有服務下架，重新上架了一個產品──新生兒免費入住。

　　越來越多的新生兒父母透過各種通路瞭解到這個資訊，來到了月子中心。在這裡，有很多感人的事情發生。

　　物業聽說他們在救助孩子，就把辦公大樓裡自己的水給斷了，優先供給月子中心。大一點的孩子的父母看到3個月大的嬰兒來到月子中心時主動從房間裡搬了出來，說要讓給更需要幫助的人。

　　免費入住產品上架後，美團也打電話來問他們還缺什麼，需要什麼。第二天一大早，他們就送來了一整車瓜果蔬菜、飲料、麵包、雨衣、酒精、手電、雨傘、衛生紙，甚至連女性用的衛生巾都送來了。牛先生對我說：「你不知道，我們的十幾個女員工當場就哭了。當我們幫助別人時，別人也在幫助我們。這樣，哪有什麼洪水是不可戰勝的？」

清點完物資後,牛先生只留下了一些瓜果蔬菜,然後把飲料、麵包等一些能量型的東西轉捐到了社區捐贈點,他說,抗洪一線的人更需要這些物資。

　　聽到這裡,我不知道說什麼好。我突然想起來一件事:「對了,牛先生,你說20日那天晚上在吃藥。我能問一下,你吃的是什麼藥嗎?」

　　牛先生猶豫了一下,說:「治療癌症的藥。我患有雙源癌,胃癌和直腸癌。我的胃已經切除了2/3,現在正處於恢復期,所以一直在吃藥。我的直腸切除以後,一直沒和肛門連在一起,所以在肚子上打了一個洞,現在腸子還在外面裸露著。要等過一段時間,才能去做造口手術。」

　　我不知道怎麼回覆牛先生,甚至都不知道該不該問下去。

　　沒有人不辛苦,只有人不喊疼。如果你覺得不辛苦,那是因為有人替你負重前行。

　　從牛先生和張太太身上我看到了一種溫暖,看到了一種力量。

　　這個世界會好嗎?這個世界當然會好。因為有他們,因為有我們,因為有再大變化都會迎難而上的人們。

　　進化的路上,我們不會停下腳步,但我希望這種溫暖的力量與你同行。